豫西黄土丘陵沟壑区新型乡村聚落景观规划设计方法研究

芦旭 著

中国建筑工业出版社

图书在版编目（CIP）数据

豫西黄土丘陵沟壑区新型乡村聚落景观规划设计方法
研究／芦旭著. —北京：中国建筑工业出版社，
2021.9
ISBN 978-7-112-26422-3

Ⅰ.①豫… Ⅱ.①芦… Ⅲ.①乡村规划—景观规划—
景观设计—研究—河南 Ⅳ.① TU983

中国版本图书馆CIP数据核字（2021）第150776号

责任编辑：李　杰
版式设计：锋尚设计
责任校对：党　蕾

豫西黄土丘陵沟壑区新型乡村聚落
景观规划设计方法研究
芦　旭　著

*
中国建筑工业出版社出版、发行（北京海淀三里河路9号）
各地新华书店、建筑书店经销
北京锋尚制版有限公司制版
北京建筑工业印刷厂印刷
*
开本：787毫米×1092毫米　1/16　印张：12½　字数：280千字
2021年9月第一版　　2021年9月第一次印刷
定价：**58.00**元
ISBN 978-7-112-26422-3
（37935）

前 言

2011年10月，河南省第九次党代会提出"加快推进新型城镇化建设，促进三化——工业化、城镇化、农业现代化协调发展新战略"。随后，全省各地积极响应，尤其以豫东南地区的平顶山市、许昌市等地率先发展，已经推出了第二代新型农村社区建设模式，如九龙山模式、张庄模式、柏都模式、东明义模式等。但是，豫西黄土丘陵沟壑区内的乡村由于所处地貌复杂，目前尚无适宜的新型农村社区建设模式。随着豫西地区农村经济形势好转以及现代化建设进程的加快，如何提升该区域乡村人居环境的品质是不可避免的社会现实问题。

本研究以豫西黄土丘陵沟壑区乡村景观环境建设为研究对象，梳理了该区域新型乡村聚落景观要素，并提出了该地区适宜的新型乡村聚落景观规划设计策略、设计方法与设计导则框架，架构了具有地域特色的新型乡村聚落景观规划工作框架。本研究主要包括以下四部分：

首先，在充分研究黄土丘陵沟壑区自然地理特征与社会经济特征的基础上，融合地域建筑学思想，对黄土丘陵沟壑区内的传统乡村聚落空间原型及营建经验智慧进行挖掘与分析，凝练朴素意识形态下地区传统乡村聚落景观特征。

其次，从新型城镇化、现代农业发展以及现代生活需求三个层面，对研究区域内乡村聚落的特点及景观环境建设特征进行分析，剖析区域内乡村聚落的发展趋势及其景观环境的转型动因。

再次，通过分析朴素意识形态下传统乡村景观建设与当下建设现实之间的差异，梳理出豫西黄土丘陵沟壑区新型乡村聚落景观要素，并针对豫西黄土丘陵沟壑区新型乡村聚落景观环境建设，初步形成一套与之相适应的新型乡村聚落景观规划设计策略、设计方法、设计导则框架。

最后，以三门峡高庙乡为实践基地，进行相关景观设计实践，落地研究成果，探讨豫西黄土丘陵沟壑区景观规划与建设的本土化途径与适宜模式。

本研究获得的基金项目资助：陕西省创新能力支撑计划创新团队项目（编号：2018TD-013）；国家自然科学基金青年项目（编号：51908465）；陕西省自然科学基础研究计划青年项目（编号：2020JQ-180）。

目　录

3 豫西黄土丘陵沟壑区乡村景观的现实与转型

4　豫西黄土丘陵沟壑区新型乡村聚落景观要素梳理

5　豫西黄土丘陵沟壑区新型乡村聚落景观规划设计方法探讨

6 实践探索:三门峡高庙乡新型农村社区景观规划设计

7　结语

绪论

1.1 研究的缘起

1.1.1 新型城镇化背景下的乡村景观发展机遇

新型城镇化是党的十八大提出的一个重要概念。新型城镇化是指："以城乡统筹、城乡一体、产城互动、节约集约、生态宜居、和谐发展为基本特征的城镇化，是大中小城市、小城镇、新型农村社区协调发展、互促共进的城镇化。新型城镇化的'新'就是要由过去片面注重追求城市规模扩大、空间扩张，改变为以提升城市的文化、公共服务等内涵为中心，真正使我们的城镇成为具有较高品质的适宜人居之所。新型城镇化的核心在于不以牺牲农业和粮食、生态和环境为代价，着眼农民，涵盖农村，实现城乡基础设施一体化和公共服务均等化，促进经济社会发展，实现共同富裕。"[①]2014年3月16日，《国家新型城镇化规划（2014—2020年）》的正式发布，为新时期我国城乡统筹发展提供了法理依据与政策导向，标志着我国城镇化发展迈上了一个新的台阶。在新型城镇化的社会背景下，我国的乡村地区将面临全面的整合、重构或改造，延续千年的、自然缓慢发展的乡村景观同样也面临着历史性的转折与发展机遇。

传统的中国文化与延续千年的农耕文化有着千丝万缕的联系，乡村居民利用当地独特的资源、材料及技术，创造出了具有地方特色的乡村地景系统。伴随着城乡

---

① 国家新型城镇化规划（2014—2020 年）。

一体化的发展，城乡二元结构逐步被打破，休闲、旅游、农业生产、生态保护、工商服务等功能潜移默化地融入乡村空间，多元化的发展将是现代乡村发展的必然趋势。在新型城镇化的发展进程中利用好我国乡村景观遗产，同时创造出符合时代发展需求的新型乡村景观，是在新型城镇化背景下乡村景观研究的重要课题。这方面的研究对我国未来乡村的和谐发展具有重要的现实意义。

1.1.2　新型城镇化背景下的乡村土地整合

粗放式的土地利用是我国自古以来大多数乡村地区生产活动所呈现的一般现象，相关研究资料显示：我国人均土地面积约0.4hm^2，其中耕地面积仅0.1hm^2，户均土地经营规模不大于0.6hm^2，[①]整体呈现出耕地破碎散乱，土地质量差，相关基础设施配套差等特征。这些特征在地貌地势复杂的黄土丘陵沟壑区表现得尤为明显，直接制约了黄土丘陵沟壑区现代农业的发展。除此之外，黄土丘陵沟壑区村落分布零散，其建设用地破碎、空废等现象也非常典型，直接导致了该区域基础设施难覆盖、难配套。

为了提高乡村地区的生活质量，在保证基本农田的前提下，必须通过土地整合的手段，合理组织乡村地区土地利用，引导产业集聚，从而达到发展现代农业，改善乡村环境的目的。在国家的政策和方针引导下，通过迁村并点、村民集中的方式，近几年形成了很多新型乡村社区，节省出来的土地资源被集中用来发展现代农业及建设三产服务设施，这促使了乡村旅游休闲产业迅速升温，同时也极大地推动了乡村的社区化发展。

但是，在当下乡村地区集约化、现代化、休闲化的发展过程当中，随着村庄新建、迁建、扩建程度的日益加剧，"城市社区" + "宽马路" + "高层住宅" + "园林景观"的城市式的设计越来越多地出现在了乡村地区，粗糙的设计、同质化的景观、雷同式的改造，严重地破坏了地域文脉。村民在享受城市化所带来的生活便利的同时，地域特色也正在逐渐消失。

1.1.3　套用城市模式的豫西黄土丘陵沟壑区乡村景观

随着外部性、现代性因素日益向乡村社会渗透，豫西黄土丘陵沟壑区星罗棋布的传统乡村也随之发生了重大的变化，2012年数据统计，河南省已规划新型农村社区近万个，根据2013年4月不完全数据统计，河南省新型农村社区已经建成400个以上，至少2000个社区正在建设当中，新型农村社区建设项目逐年递增（图1-1），发展态势迅猛，大量的乡村居民在短期内进行大规模的集约，社区规模少则千人，

---

① 陈英瑾. 乡村景观特征评估与规划［D］. 北京：清华大学，2012.

九龙山社区   柏都社区

张庄社区   东明义社区

图1-1　河南新型农村社区建设现状照片

多至万人不等，原本自然缓慢发展的乡村已无法适应城镇化高速发展的需求，集约建设的新型乡村聚落其建筑形式、公共空间形式也随之发生了转变，功能也变得相对复杂，规划、建筑、景观的设计需求与日俱增，人居环境品质也有了更高的要求。

我国现有的景观规划专业技术人员，从事城市景观的设计与研究的较多，而从事乡村景观专门化研究与设计的人员相对较少。由于新型乡村聚落景观建设激增，但建设缺乏足够的适宜性技术，因此城市式的景观设计充斥在该区域众多新型农村社区之中。设计语汇的匮乏、雷同式环境改造、建设活动高耗低能等问题日渐突出，既定规划设计难于落地。这种乡村景观环境的营建模式不仅严重背离了农村地区的资源现状、气候特征，还大大超出了现有的多数乡村的经济承受能力，传统优美、和谐的乡村风貌遭受着盲目规划与快速发展所带来的建设性破坏，蕴藏于传统聚落、乡土建筑之中的低成本、低能耗的本土技术，适应农业生产特征、资源格局特色的聚落规划布局原则，却被斥之以"贫穷"、"落后"而被粗暴地摒弃，直接导致了乡村景观空间都市化、农业生产空间与农村生活空间分异化的现象，如此下去中国千百年来形成的独有的乡村景观风貌将不复存在。

由此可见，2013年12月中央城镇化会议中提出的如何在现代化、集约化、城镇化的乡村建设的进程中，让乡村居民"望得见山，看得见水，记得住乡愁"是新时期时代背景下，新型城镇化建设导向要求下，新型乡村聚落景观规划及营建急需回应的新问题。

1.2 研究目标与内容

1.2.1 研究目标

本研究主要针对豫西黄土丘陵沟壑区乡村、社会、经济和人居环境的发展需求，总结豫西黄土丘陵沟壑区新型乡村聚落景观环境建设的发展特点，旨在解决豫西黄土丘陵沟壑区新型乡村聚落景观营造的核心技术问题，引导豫西黄土丘陵沟壑区新型乡村聚落景观环境实现高效和谐转型。

（1）疏理景观要素

通过系统研究黄土丘陵沟壑区传统聚落营造模式，分析豫西黄土丘陵沟壑区传统聚落景观营建的特点，疏理、凝练并提取该区域景观营建要素，并提出相应的疏理流程与方法，为该区域新型乡村聚落景观规划设计提供设计依据。

（2）提出景观适宜性规划设计方法与设计导则

从豫西黄土丘陵沟壑区资源、生产、生活现状及发展趋势出发，提出适宜该地域的新型乡村聚落景观建设与发展的规划设计方法与特色人文资源传承模式，并初步提出与之对应的设计导则，合理化引导该区域新型乡村聚落景观建设。

1.2.2 研究内容

本研究着眼于乡村景观的可持续发展，选择河南省人居环境发展相对落后、矛盾相对突出的豫西黄土丘陵沟壑区乡村聚落为主体研究对象，以该区域新型乡村社区的建设为突破口，综合研究该区域乡村聚落的环境景观发展问题，试图梳理凝练出该研究区域新型乡村聚落景观要素，并提出相应的景观规划设计策略、设计方法与设计导则（图1-2）。本研究主要涉及以下内容：

（1）豫西黄土丘陵沟壑区乡村聚落的空间原型及其景观特征分析

系统探讨黄土丘陵沟壑区的传统乡村聚落空间形态原型，以空间为主线，分析该研究区域内传统乡村聚落的景观特征，提炼该区域景观空间营建智慧；分析传统聚落景观营造特征，深入解析豫西黄土丘陵沟壑区乡村景观演变与聚落发展、建筑营造之间的深层联系，系统归纳出蕴藏于豫西黄土丘陵沟壑区传统乡村聚落之中的生态营建智慧。

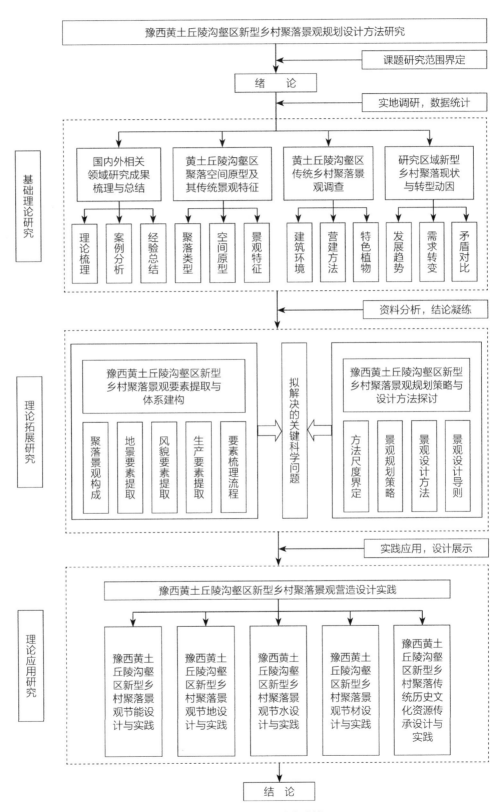

图1-2　本研究的技术路线

（2）豫西黄土丘陵沟壑区乡村聚落景观现实及转型动因分析

通过调查分析，数据对比，总结当下豫西黄土丘陵沟壑区新型乡村聚落的发展趋势、建设模式、建设规模及其特点。依据景观格局研究的主要理论体系及分析方法，从"人–地"关系的角度出发，分析豫西黄土丘陵沟壑区自然生态过程演进及人类生产与生活互动形成的土地空间格局特征及视觉景象，阐述该区域独特的"景观格局"变化特征。对该区域新型乡村聚落的转型动因进行分析，总结现阶段该区域新型乡村聚落景观环境建设的现实特点与问题。

（3）豫西黄土丘陵沟壑区新型乡村聚落景观要素梳理

通过对比分析传统乡村景观建设模式与当下该区域乡村景观建设的关系，从自然地貌、气候特征、民俗文化艺术、传统技艺、建筑特色、生物群落等方面多角度进行专项研究，提炼豫西黄土丘陵沟壑区新型乡村聚落景观要素，并提出相应的梳理流程与方法，为该区域新型乡村聚落景观规划设计提供设计依据。

（4）豫西黄土丘陵沟壑区新型乡村聚落景观规划策略与设计方法探讨

交叉融合豫西黄土丘陵沟壑区新型乡村聚落景观要素，借鉴豫西黄土丘陵沟壑区传统景观生态智慧及营造经验，在保证该区域乡村景观安全的前提下，探讨豫西黄土丘陵沟壑区新型乡村聚落的空间布局方法及适宜性景观营建模式，提出豫西黄土丘陵沟壑区新型乡村聚落景观规划的适宜性策略、设计方法及设计导则。

（5）豫西黄土丘陵沟壑区新型乡村聚落景观规划设计实践探索

依据本研究提出的豫西黄土丘陵沟壑区新型乡村聚落景观规划策略、设计方法与设计导则，选取该区域典型新型乡村聚落为典型案例，引导其空间景观环境建设，动态观察建设过程中存在的现实问题，对建设过程中存在的实际问题进行深入剖析，从支撑技术、管理体系、文化思想等方面进行思考与总结。

1.3 基本概念

1.3.1 "景观""文化景观""乡土景观"与"乡村景观"

（1）景观

"景观"的英文为"Landscape"，在德语中为"Landschaft"，法语为"Payage"，"景观"一词最早出现在希伯来文的《圣咏集》（the Book of Psalms）中，用于对圣城耶路撒冷美景的描述，但是在中文文献中什么时候最早出现该词还没有确切的考证。但无论是东方还是西方，对于"景观"最早的理解更多的是侧重于视觉美学方面的认知，即与"风景"（scenery）的含义相近，是对自然风光、地貌形态以及自然美景的一种直观的、综合的表达，各种字典对于"景观"解释也是将"自然风景"的含义放在第一位。

在地理学领域，德国地理学家、植物学家洪堡在19世纪初，将"景观"作为一个科学名词引入到地理学领域中，并给出其解释为"景观是由气候、土壤、植被等自然要素以及文化现象组成的地理综合体，是一个区域的总体特征。"后逐渐衍生出了地理学中"地域综合体"的概念。洪堡认为应将景观作为地理学的核心问题进行研究，他在强调景观低于整体性的同时，更加重视景观的综合性，这其实就是人地关系研究思想的雏形。

美国德克萨斯州大学建筑学院院长斯坦纳教授（Frederick Steiner）认为：景观与土地利用相关，是某一区域的地表区别于其他地区的构成特征。因而它是多种元素的综合，包括田野、建筑、山体、森林、荒漠、水体以及住区；景观包括了多种土地利用的方式：居住、运输、农业、娱乐以及自然地带，并由这些土地利用类型综合而成。景观不只是"画"一般的风景，它是人眼所见到的各部分的总和，是形成场所的时间与文化的叠加与融合，是自然与文化不断雕琢的作品。

综上所述，尽管各学科及各专家对景观都有着自身独到的见解，但是综合看来景观是自然与人文综合作用的产物。它不仅包含了地貌、气候、水文、土壤、生态等自然的要素，同时还涵盖了文化、聚落、产业、土地利用等人文及社会元素的因子。人文元素与自然元素在景观中相辅相成、互为因果、依存共生。

（2）文化景观

文化景观是指在特定文化背景下和具体的自然环境基础上，在人的作用下形成的地表文化形态的地理复合体。文化景观是人类在历史长河中生产、生活等活动所塑造的并具有特殊文化价值的景观。文化景观反映文化体系的特征和一个地区的地理特征。文化景观的形成是个长期过程，每一历史时代人类都按照其文化标准对身处的自然环境施加影响，并将它们改变成文化景观。由于民族的迁移，一个地区的文化景观往往不仅是一个民族形成的。文化景观的内容除一些具体事物外，还有一种可以感觉到而难以表达出来的"气氛"，它往往与宗教教义、社会观念和政治制度等因素有关，是一种抽象的观感。文化景观的这种特性可以明显反映在区域特征上。

文化景观按形态可以划分为物质文化景观和精神（非物质性）文化景观。前者是在大自然提供的物质基础上，创造出来的那些看得见，摸得着的文化凝聚物，与人类的生产、生活是密切相关的，如农田、道路、城市、乡村、建筑、园林等，其主要的特征是可视性；后者是在客观物质环境的作用下，人的文化行为所创造的那些虽看不见、却可以感知的文化创造物，如语言、法律、道德、宗教、价值观以及某些艺术表达作品，例如：音乐作品，它所形成的独特的文化氛围，是一种通过联想实现的抽象而真切的感觉。

综上所述，文化景观是人类把自己的某些思想形态或观念意识同自然景观相结合产生的一种复合景观，其实质就是人类活动对自然景观改造的结果（胡海胜，唐代剑，2006）。文化景观的尺度很广泛，涵盖从上千亩的乡村土地到几亩的私家院落；类型也多种多样，包括庭院、农田、公园或花园、校园、公墓、景观高速路，和某些工业用地等。乡村景观是文化景观的一类，也是文化景观中占地面积最大的组成部分（陈英瑾，2012）。

（3）乡土景观

北京大学俞孔坚认为，我们可以把乡土景观定义为土地及土地上的空间和物体所构成的地域综合体。它是复杂的自然过程、人文过程和人类的价值观在大地上的投影（俞孔坚，2002）。

这种景观非常普通：人们为了生存，将自然的土地改造成平整的农田，将自然的水系改造成灌溉的水源，将自然的植物驯化成高产的作物。人们耕作、定居、扩张，人们在其能力范围内，几乎将所有能够利用的自然都改造成了这种具有强烈农业属性的景观。这种景观就是乡土景观，它是在乡村地区，人类与自然长期相互作用而形成的文化景观，体现了一定区域内自然的演变和人类历史文化的发展。乡土景观的研究对于维护区域、国土景观，保持地域性差异有着十分重要的意义（刘通、吴子丹，2014）。

综上所述，乡土景观是人类为了生存，在能动的改造自然与被动的适应自然的双重作用下，所呈现出来的生产、生活以及生态关系的复合表现。

（4）乡村景观

乡村景观是乡村地区范围内，经济、人文、社会、自然等多种现象的综合表现。研究乡村景观最早从研究文化景观开始，美国地理学家索尔认为文化景观是"附加在自然景观上的人类活动形态"。文化景观随原始农业而出现，人类社会农业最早发展的地区即成为文化源地，也称农业文化景观。以后，西欧地理学家把乡村文化景观扩展到乡村景观，包括文化、经济、社会、人口、自然等诸因素在乡村地区的反映。

清华大学李树华教授认为：乡村景观是以大地景观为背景，以乡村聚落景观为核心，由经济景观、文化景观和自然环境景观构成的环境综合体。乡村景观又可以说是根据土地的自然条件、生产和生活成为一体的"农业生产景观"和"农民生活景观"的复合景观（李树华，2007）。

总结上述专家学者对于乡村景观的解读，本研究将乡村景观界定为：

乡村景观是城镇规划区外的接近自然环境的，并以农业生产为产业主导的，具有明显乡村特征的地区的景观，它是一种依托地域自然本底，将生态、生产、生活、文化有机融为一体的复合景观系统，其外在表现突出地域环境和地域特征，其内涵品质体现出风土人情、社会经济、地域文化等诸多人文特质（图1-3）。

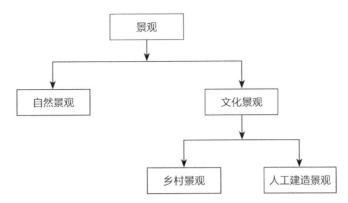

图1-3 景观、文化景观、乡村景观关系图

1.3.2 "聚落""乡村聚落"与"新型乡村聚落"

（1）聚落（Settlements）

一定人群集聚而居的地域。自远古以来，聚落一直是人类聚居的基本模式单位。聚，即聚居，是社会性概念，有居必有聚，无聚不成居；落，即居落，是环境性概念，有居必有落，无居不成落（雷振东，2005）。聚落不单是房屋建筑的集合体，还包括与居住直接有关的其他生活设施和生产设施。聚落既是人们居住、生活、休息和进行各种社会活动的场所，也是人们进行生产的场所。一般可将聚落分为乡村和城市两大类。聚落有它的发展过程。世界上许多聚落正在成长，也有许多聚落正在衰落。

聚落作为人类适应、利用自然的产物，是人类文明的结晶。聚落的外部形态、组合类型无不深深打上了当地地理环境的烙印。同时，聚落又是重要的文化景观，在很大程度上反映了区域的经济发展水平和风土民情等。当然，聚落也对地理环境和人类的经济活动发生作用，城市聚落对经济的发展和分布更有着巨大的影响。

（2）乡村聚落（Rural Settlements）

从广义聚落的范畴大到一个城市小到一个自然村均称之为聚落，所以通常将乡村形态的聚落称之为乡村聚落，以区别于城市形态的聚落（雷振东，2005）。道氏在"人类聚居学"中将人类聚居划分为乡村型聚居和城市型聚居，并认为"乡村型聚居"应具有以下特征：①居民的生活依赖于自然界，通常从事种植、养殖或采伐业；②聚居规模较小，并且是内向的；③一般都不经过规划，是自然生长发展的；④通常就是一个最简单最基本的社区（李贺楠，2006）。

（3）新型乡村聚落（The New Rural Settlements）

新型农村社区是一个近年来在"农村城市化"的背景下产生的新概念。该概念的产生是基于整合的思想，在一定的行政区划范围内将若干个分散的、规模小的行政村集中整合为一个规模较大的新型农村社区，该社区有别于传统的行政村，但是有不同于城市社区，它是由若干个行政村整合在一起，统一规划、统一建设，或者是由一个行政村建设而成。新型农村社区建设，既不能等同于村庄翻新，也不是简单的人口聚居，目的是要加快缩小城乡差距，在农村营造一种新的社会生活形态，让农民享受到跟城市居民一样的公共服务。新型农村社区以节约土地，提高土地生产效率为目的，实现农村产业集约化经营，以农民自愿为原则，提高农民生活水平为目标，让农民主动到社区购房建房，交出原来的旧宅用于复耕。社区化的实现，使农民既不远离土地，又能集中享受城市化的生活环境，未来若干年内，新型农村社区将成为中国乡村最基本的聚居单元。

本书以人类聚居空间特征为切入点，借鉴道氏在"人类聚居学"中对于"乡村型聚居"的概念定义，将"新型农村社区"界定为"新型乡村聚落"。这种定义便于综合利用地理学、社会学、经济学、生态学、建筑学、城乡规划学等多学科领域的研究成果，从风景园林学的角度来把握豫西黄土丘陵沟壑区新型乡村聚落景观发展与变迁的规律。

1.3.3 "景观安全格局"与"乡村景观安全途径"

（1）景观安全格局（Security Pattern）

"景观安全格局"的基本概念为：景观中存在某些关键性的局部、元素和空间位置及联系，它们对维护景观中的某种过程（包括生态过程、社会文化过程、空间体验、城市扩张等）的健康和安全具有关键性的意义，这些具有战略意义的景观局部、元素、空间位置和空间联系构成了景观安全格局（Security Pattern，简称SP）。（俞孔坚，1996）

（2）乡村景观安全途径（Rural Landscape Security Pattern）

面对现阶段我国大量的乡村住区建设，通过对乡村聚落景观安全的判断与保护，疏理建设区域景观安全的影响因子，在规划的前期建立建设区域新型乡村聚落建设的景观安全格局框架，通过土地空间的景观控制从而实现新型乡村聚落景观建设的可持续发展，我们可以将这个规划途径称之为"乡村景观安全途径"（Rural Landscape Security Pattern，简称"RLSP"）。

1.4 基本概况

豫西黄土丘陵沟壑区是豫、晋、陕三省的交界区域，黄河穿流而过，其自然、社会、经济、文化等方面均有共通性，该区域乡村聚落的转型与发展较早，问题相对突出，适宜展开研究。本研究以豫西黄土丘陵沟壑区为研究对象，进行"典型化的个案研究"，以便为后续更大范围的研究奠定一定的基础。

1.4.1 豫西黄土丘陵沟壑区的自然地理特征

地貌特征：黄土丘陵沟壑区属于黄土高原地貌形态区，全区海拔为800~1800m，分布于陕西、山西、内蒙古、青海、宁夏、甘肃、河南7个省（自治区），面积约21.18万km²，其中50%以上土地为坡度大于15°的坡地，总体呈现出沟壑纵横、墚峁起伏、台原错落、交通不便、水土流失、生态脆弱的现实特征（图1-4，表1-1）。[①]

分布范围：豫西黄土丘陵沟壑区总土地面积为27200 km²，隶属黄河流域的河南省西部山区，为黄土高原的东部延伸带，位于黄河中游的三门峡—桃花峪区间，是黄土高原与黄淮海平原的交错带和过渡带，是黄河流域和黄土高原的典型区域之一，占有重要的地理位置。豫西黄土丘陵沟壑区属于黄土丘陵沟壑区的第三副区，包括甘肃省的陇西、通渭、武山、甘谷、天水、秦安、庄浪；陕西的关中，山西东部及河南西部的零星丘陵区，面积3.55万km²，与第二副区的水蚀及风蚀等级相同，但是其平均坡度相对较小，耕垦的指数相对较高，坡田大部分为坡式梯田。

气候特点：豫西黄土丘陵沟壑区地处中纬度内陆区，大部分地区属暖温带大陆性季风气候。历年平均气温约13.8℃，年平均日照约2261.7h，无霜期约216d，年

图1-4　黄土丘陵沟壑区自然地貌

---

① 张东伟，高世铭. 黄土丘陵沟壑区农业可持续发展实证研究［M］. 北京：中国环境科学出版社，2006.

均降水量约580～680mm，由于地貌特征复杂，形成了具有暖温带、温带和寒温带的多元气候。

自然植被：豫西黄土丘陵沟壑内的植被类型属暖温带落叶阔叶林区，植被区内地形复杂，该区域是多种植物区系的交汇场所，有华北植物区系、华西植物区系、西北植物区系、东北植物区系，其中以华北植物区系成分为主，森林覆盖率约为25.5%。在大气候背影下，豫西黄土丘陵区林草植被分布与气候类型比较吻合，但在中气候条件下，本区处于气候和地理的过渡带，该区域植被同时存在着乔木林、灌木林和草本植被三种典型的植被类型，是多种植物区系的交汇地段，植被物种的多样性较为广泛。[①]

黄土丘陵沟壑区分区主要特征表　　　　　　表1-1

水土保持分区	主要特征	沟壑密度（km/km²）	地面坡度组成（%）				林草覆盖度（%）	水土流失特点	年侵蚀模数（t/km²）
			<5°	5°～15°	15°～25°	>25°			
第一副区	峁状丘陵地形破碎	3～7	9	7	16	68	10～15	沟蚀面蚀都很严重	10000～30000
第二副区	峁状丘陵间有残塬	3～5	7	19	22	52	15～20	沟蚀面蚀都很严重	5000～15000
第三副区	墚状丘陵为主	2～4	7	32	42	19	20～25	面蚀为主，沟蚀次之	5000～10000
第四副区	墚状丘陵为主	2～4	8	21	40	31	25～35	面蚀为主，沟蚀次之	7000～10000
第五副区	平墚大峁，有山间盆地	1～3	21	27	39	13	10～20	沟蚀为主，面蚀次之	3000～6000

1.4.2 豫西黄土丘陵沟壑区的社会经济概况

人口密度——豫西地区是河南省人口密度最低的地区，依据河南省2020年统计年鉴数据，其中三门峡市人口密度为218人/km²，洛阳市447人/km²，平均水平远低于河南其他地区。

人口性别构成——依据河南省2020年统计年鉴数据，男50.7%，女49.3%。

---

① 刘增进，柴红敏，李宝萍. 豫西黄土丘陵区林草植被与气候相关性分析［J］. 水利水电技术，2013.

人口年龄构成——依据河南省2020年统计年鉴数据，三门峡市：0～14岁，16.2%，15～64岁，70.9%；65岁以上，12.9%。洛阳市：0～14岁，21.0%，15～64岁，65.6%；65岁以上，13.4%。

户均人口——依据河南省2020年统计年鉴数据，三门峡：3.16（人/户）；洛阳：3.30（人/户）。

人口自然增长率——依据河南省2020年统计年鉴数据，三门峡市：3.24‰；洛阳市：4.69‰。

人口变动——依据河南省2020年统计年鉴数据，市镇人口迅速增长，乡村人口呈递减趋势，其中三门峡市的城镇化率为57.7%，洛阳市的城镇化率为59.1%。

劳动力结构——依据河南省2020年统计年鉴数据，第一产业劳动力约占34.7%，二三产业劳动力约占65.2%。

主导产业——以粮食种植为主，自2010年代以来，逐步转变为以油料、烟叶等经济作物种植为主，且呈现出区域普遍性的特点。大型工业以煤炭、有色金属开采加工为主，乡镇企业经济落后，建筑业、制造业所占总量比重较大。第三产业主要是批发、零售、运输业为主。

文化教育——较为明显地表现出按照镇-乡-中心村-自然村-沟壑村落的次序呈明显下降趋势，而且差距越来越大。[1]

---

[1] 《河南统计年鉴（2020）》。

黄土丘陵沟壑区传统聚落的空间原型及景观特征分析

2.1 黄土丘陵沟壑区传统乡村聚落的类型

　　黄土丘陵沟壑区的特点是塬面平坦，黄土层深厚，沟壑纵横，水土流失严重，沟壑深度在100~200m不等，长度可蔓延数十公里，开阔区面宽可达数公里，狭窄处陡崖直立，行走其间如临山涧，登上塬面视野开阔。黄土丘陵沟壑区相对平坦的坎塬约占整体沟壑面积的33%~60%，在这中间散落着许多的乡村聚落，崖体两侧也密布着各种窑洞。这种独特的自然地貌特征塑造了该区域独特的乡村聚落形态，同时也使得聚落的选址、材料的使用以及构造方法都受到了一定的限制，但是在这片黄土地上生活着的人们通过历代生活经验的积累，利用黄土渗水性、透气性好，粘合性强以及抗压强度大的天然特性，因形就势地营造了该地貌特色下的聚落空间，形成了独具特色的乡村聚落建筑景观。

2.1.1 地表型聚落

　　地表型聚落是指黄土丘陵沟壑区内以房居为主的聚落形式，此类聚落多分布于地势相对平缓的塬区或丘陵沟壑地貌与平原地貌的过渡区域（图2-1）。地表型聚落多依托交通线路分布，常见的形态多为团状或条状，规模大小不一，聚落内部交通系统、节点明确，轴线关系清晰，空间结构层次分明，居住建筑多为合院式院落。

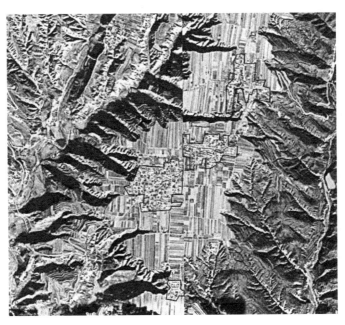

图2-1 黄土丘陵沟壑区地表型聚落

随着社会经济的发展，此类型的聚落依托交通线路呈线性或放射状发展，且聚落外围多有寨堡，防御性较强。

2.1.2 靠崖型聚落

"靠崖型聚落"是指顺应等高线方向，依托沟壑及台地形成的以窑洞群落为主的乡村聚落类型，整体风貌高低错落，鳞次栉比。靠崖型聚落选址一般多在向阳、面沟的弧形坡面上，在保证洪涝安全距离的前提下尽量靠近水源，方便取水用水。黄土丘陵沟壑区靠崖型聚落建设用地多为不宜耕种的土地，这种类型的乡村聚落，规模较小的一般沿着冲沟呈线性分散布局，规模较大的一般多位于几条沟壑交汇的沟坡之上。靠崖型聚落中的建筑多是以靠山窑为主体的院落，每户依托崖体，以靠山窑为正房，两侧以砖石结构修建侧房，围合形成院落。院墙高大，凸显防御性；街巷狭窄，顺应等高线迂回蜿蜒；公共空间多利用屋顶或边角用地，呈不规则形。

靠崖型聚落地处黄土丘陵沟壑区沟壑冲沟内，交通相对闭塞（图2-2），随着打井技术、抽水技术的发展，以及耕作距离和出行方式等因素的影响，其宅院的选址不再受限于地形条件，家庭单元逐渐由距离水源较近的沟底位置逐步向上移动。由于受自然地理条件的先天制约，此类聚落经济水平相对滞后。聚落中的青壮年劳动力多选择外出打工，聚落中留守的多为老人和儿童，生活主要依赖于农业生产，宅院空废化现象严重。随着社会经济的发展，聚落中相对富裕的住户均有向外迁移的意愿。此外，由于现代化的基础设施及公共服务设施难于全面配给至此类聚落，随

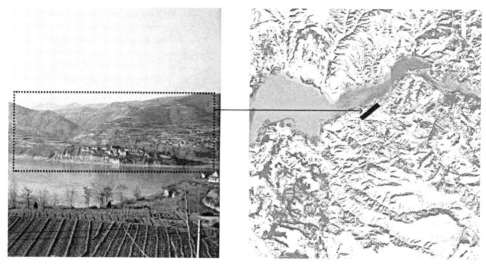

图2-2 黄土丘陵沟壑区靠崖型聚落

着现代农业的发展以及农村汽车交通的普及，此类聚落空间已逐渐表现出对于现代生活新需求的不适应。

2.1.3 地坑型聚落

黄土丘陵沟壑区地貌复杂，除了丘陵沟壑之外，还有大面积的塬面。在塬面之上存在着由下沉式的窑院组成的聚落，这些村落在地面上看不到房舍，只有走进聚落内部，才能看到掩藏于地下的院落。这些下沉的院落构成了黄土丘陵沟壑区塬面上独特的地下聚落，此种类型的聚落被形象地称为"地坑型聚落"（图2-3）。黄土丘陵沟壑区的塬面与沟壑相比地势平坦，适于建设，该区域生活的居民因地制宜地结合靠崖式聚落的建设特点，在相对平整的塬面上掘地为穴，修葺人造崖壁，开凿窑洞，解决了居住问题。地坑型聚落被称为"人类居住文明的活化石"。

自20世纪80年代以来，随着社会经济的发展，地坑型聚落已逐步向地表型聚落转型，经济相对发达的村庄基本上已经全部转型为地表型聚落。有的住户在各自坑院旁边相对平整的土地上修建砖石宅院，然后填埋或废弃原有的地坑式宅院。近年来结合乡村旅游的热潮，部分残存的黄土丘陵沟壑区地坑型聚落结合旅游项目被开发建设成为民俗艺术基地，聚落中原来的住户或异地迁

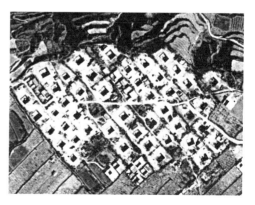

图2-3 黄土丘陵沟壑区地坑型聚落

移或参与经营。从整体的建设与发展状况来看，残存的黄土丘陵沟壑区地坑型聚落多处于空废、分散的状态。

2.2 黄土丘陵沟壑区传统聚落空间原型

2.2.1 合院式民居空间原型要素

合院式民居建筑形式是我国民居建筑文化的重要组成部分（图2-4）。合院式空间形式的起源可以追溯到母系氏族社会时期，陕西临潼的仰韶村遗址中，大约有100余座房屋，分为5组围合，此时我国向心式的围合空间形式已初见雏形。陕西岐山凤雏村的西周四合院遗址是我国目前公认最早的且形制最规范严整的合院式民居遗址，该遗址平面呈长方形，由两进院落组成，轴线空间层次明确。陕西岐山凤雏村四合院作为合院式民居建筑的典型代表，对黄土高原地区的传统民居的产生和发展具有深远的影响。

合院式民居建筑作为我国北方地区民居建筑主要类型之一，其重点就是强调建筑与院落之间的关系以及院落的形式。由于地区间自然气候条件的差异，不同地区的合院式民居建筑形式各具特色。基于经济水平的差异，合院式民居的院落形式不仅有上房和围墙直接围合的一进院，也有上房和厢房围合的二进院以及多进院，其中一进院多分布于经济欠发达的聚落，二进院及多进院多分布于经济条件相对较好的聚落，且其建筑与院落空间轴线关系明确，布局较为模式化，装饰讲究，受宗法礼制思想影响明显。合院式民居建筑空间构成的主要要素就是建筑与院落，虽然由于地区、环境以及经济水平等因素的差异，不同地区的合院式民居略有差异，但基本格局均为前堂后寝，四面围合。在合院式民居中建筑、廊道、墙面、地面以及植物等要素是空间围合的基本要素，这些要素共同决定了合院空间的界面形态。

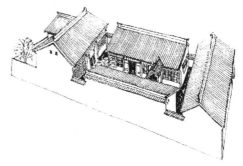

（a）透视图

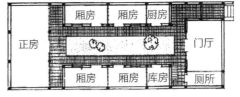

（b）平面图

（c）剖面图

图2-4 中国传统合院式空间

1. 建筑与院落

建筑是合院式空间组织的重要组成部分。建筑与建筑之间的相对位置关系，建筑室内室外的功能衔接及空间渗透是合院式空间组织逻辑的具体表现（图2-5）。院落中相邻实体界面的位置关系及联通程度决定了其空间的紧密程度。合院式空间是由建筑空间水平方向叠加而形成的，其建筑基本单位为"间"，由不同的"间"组成合院中的上房、厢房、耳房、倒座等建筑形式。通过不同空间尺度的建筑共同围合成供居者使用的"院"，普通的家庭一般仅分内院与外院，有的甚至只有一进院落，富裕的家庭则根据自身的居住需求会将几个院子沿着一条中轴线串联在一起构成一个统一的整体，形成二进或多进院落，这种合院式空间组织形式是中国传统礼制思想与等级观念的具体空间表达，例如：晋中市灵石县静升镇的王家大院就是合院式民居中多进院落的典型代表。

黄土丘陵沟壑区传统的合院式民居中的院，多呈现窄长形，是整个建筑的唯一一块室外空间，是整个建筑的灵气所在。院是合院式民居中所有建筑采光、通风和对外交流的媒介，是整个建筑各个房间彼此联系的唯一一交通空间，是全家或亲朋室外汇聚的露天客厅，是唯一能全览整个建筑风貌的场所。[①]

2. 墙面、地面与廊道

墙面是院落空间重要的边界限定要素，墙面的高低比例、虚实关系决定了院落

图2-5　建筑与院落

---

① 雷振东. 整合与重构——关中乡村聚落转型研究［D］. 西安：西安建筑科技大学，2005.

的空间体验与建筑的空间属性。例如高大的实墙使得院落极具封闭性和防御性，镂空的花墙有助于两侧空间的相互渗透。

影壁也叫照壁，是由墙壁衍生出来的院落空间装饰构筑物，在合院式民居院落空间组织中具有举足轻重的作用。我国合院式民居中的影壁造型精美，砌筑考究，形式一般多为独立的墙壁，多设置于院落的入口处，其作用主要是用来美化合院式民居的入口空间，同时起到视觉隔断的作用，确保院落的私密性。在宅基地紧张的情况下影壁也可以借助建筑的墙面设置。

地面也是合院式空间重要的围合要素。合院式空间的顶界面是面向天空的开敞界面，地面直接接受来自天空的雨水冰雪，所以院落地面必须具备排水、防潮以及防滑的作用。尽管地面不同于墙面起到空间划分或空间阻隔的作用，但是地面通过其高差的变化、铺装的转换同样对院落起到空间限定的作用，同时地面材质变化同样会给人带来不同的空间感受（图2-6）。

廊道是院落中室内外的过渡空间，其空间形态一般多为上部有屋顶、侧面开放，是院落中重要的景观构筑物（图2-7）。在宅基地富足的情况下，廊道在院落中多独立或结合墙面设置，起到交通联系及院落空间划分的作用，在宅基地紧凑的情况下也可结合屋檐设置，形成室内外过渡的灰空间。

黄土丘陵沟壑区干旱缺水、地下水位很深，雨季集中，且多暴雨。饮水难是世

（b）装饰精美的影壁

（a）造型丰富的墙面

（c）铺装变化的地面

图2-6 精美考究的墙面与地面

世代代困扰当地居民的严重问题，雨水是当地人非常重视的一种资源，当地房子半边盖（单坡）的根本原因正是"肥水不流外人田"。这样，每座宅院中央都有一眼水窖及水缸，用于收集雨水，满足旱期人畜用水。①

图2-7　廊道灰空间

2.2.2　窑洞式民居建筑原型

窑洞式民居是黄土丘陵沟壑区主要的民居建筑形式，主要包括三种类型，即靠山式窑居、地坑式窑居以及独立式窑居（图2-8）。地坑式窑居主要分布在黄土垆塬地区，靠山式窑居及独立式窑居主要分布在丘陵沟壑区内或小冲沟内。有些相对富裕的聚落或大户将传统独立式窑居与房居相结合，形成了独立式窑居合院，此类独立式窑居合院也多分布于丘陵沟壑区内或小冲沟内。

1. 靠崖式窑居

靠崖式窑居是指在黄土丘陵沟壑区内依托丘陵沟壑崖体开挖窑洞，并利用夯土墙围合窑前院落，从而形成的窑居形式。靠崖式窑居依托丘陵沟壑山体，顺应等高线呈折线型或曲线型层层退台布置，底层窑洞的窑顶多为上层窑洞的前院。该窑居的开挖因形就势，顺应崖体，与环境协调共生，但是由于黄土丘陵沟壑区或小冲沟内地形变化复杂，故该类窑居的布局也呈现出了随机性的特征。通常一个标准的靠崖式窑居院落是由两孔正窑、厦房和门房组成，但是由于经济条件的限制，该区域内的靠崖式窑居多数仅仅只是一两孔窑洞而已。位于山西吕梁的碛口古镇李家山村就是靠崖式窑居的典型代表聚落。

2. 地坑式窑居

在黄土丘陵沟壑区的塬区干旱地带，没有丘陵山坡及沟壑冲沟可以利用，所以当地的居民利用黄土的特性就地开挖一个方坑，形成一个四面围合的地下院落空间，然后在四壁开挖窑洞，形成合院式居住空间，俗称地坑院也叫地坑式窑居。这里的居民，对黄土有着根深蒂固的依赖性与亲切感。相关资料显示，地坑式窑居在河南省三门峡、山西南部、甘肃庆阳以及陕西局部地区均有分布，其中地处豫西黄土丘陵沟壑区内的三门峡市的地坑式窑居保存较为完好。根据相关资料，该区域至今仍有100多个地坑式聚落以及近万座地坑式窑居，"进村不见房，闻声不见人"的传统地坑式聚落景象依然存在，其中较早的地坑院距今约有200多年的历史，住户

---

① 雷振东. 整合与重构——关中乡村聚落转型研究［D］. 西安：西安建筑科技大学，2005（06）.

已是六世同堂。

　　地坑式窑居的建造一般是在平坦的地面上向下挖出一个6~7m深、边长12~15m的正方形或长方形的土坑，形成院落天井，然后在土坑的四壁开挖8~12个高约3m，面宽约4m，进深约8~12m的窑洞，距离窑洞地面2m以内的墙壁须保持垂直，2m以上至顶为拱形。在窑院的一角的一个窑洞向地面开凿形成斜坡，修砌阶梯状的甬道通向地面，形成地坑式窑居的门洞。在门洞窑的一侧开挖一个拐窑，在拐窑内向下挖出一个约20~30m深、直径约1m的水井，结合水窖解决人畜饮水问题。地坑院与地面交接的四周用砖瓦围砌一圈，呈房檐状，用于雨水收集及墙面保护。在房檐上再砌筑一圈约30~50cm高的花墙，形成拦马墙，不仅能起到了装饰作用，而且还能防止雨水回灌以及地面活动的人畜不慎坠落院内发生意外。地坑院内可以植树，但是窑顶区域不能种树。

3. 独立式窑居

　　独立式窑居的标准建造模式是在南北长、东西窄的长方形宅基地上，坐北朝南地建造两孔大

（a）靠崖式窑居

（b）地坑式窑居

（c）独立式窑居

图2-8　窑洞式民居的三种类型

的窑洞，一般称之为顺窑也叫做正窑，类似于传统合院式民居的正房，然后在东西两侧建造两排跨窑也叫做横窑，相当于传统合院式民居的东西厢房，最后在宅基南侧结合围墙及大门修建门房，最终形成完整的合院式窑居。在黄土丘陵沟壑区内除了标准的独立式窑居院落外，有些聚落的独立式窑院只有一层的正窑，其余房间均

为砖瓦房，经济条件好的聚落或家庭在正窑上还修建了二层砖瓦房，形成窑房混合的合院式民居空间组合模式，山西静升镇的王家大院以及汾西师家沟村都是此类窑房混合式的独立式窑居院落的代表。在独立式窑居院落的空间中，坐北朝南的正窑（顺窑）在院落空间中占据核心地位，一般多为长辈的居住用房，与传统的合院式空间类似，独立式窑居院落中东西两侧的垴窑或厦房多为晚辈的居住场所或者其他功能房间，东侧的垴窑或厦房地位高于西侧的垴窑或厦房。门房多为大门或储藏性空间，厕所位置多设置在院落之中与大门相对的角落或直接设置在院外。由于黄土丘陵沟壑区地貌复杂，高差多变，所以该区域内的合院式窑居多根据地形变化呈现随机性和不规则性的空间特征，所有的屋顶均向内排水，流向院中的水窖以收集储藏（图2-9）。

（a）砖饰窑脸　　　　　　　　　　　　　　（b）建筑

（c）院落　　　　　　（d）装饰隔墙　　　　　　（e）门头

图2-9　精美的细节装饰

2.3 黄土丘陵沟壑区传统乡村聚落实态考察

2.3.1 靠崖式聚落实态考察——师家沟村

1. 师家沟村概况

师家沟村行政区划属于山西省临汾市汾西县僧念镇，具体位于汾西县东南部，僧念镇北，距离汾西县城约5km，与霍州地接相邻。师家沟村的地貌呈现黄土丘陵沟壑特点，地形复杂，沟壑纵横，海拔约1000m左右，村落三面环山，避风向阳，南部节令河蜿蜒而过，景色宜人，山水相映成画。师家沟村所在区域属于温带大陆性季风气候，全年平均气温约10℃左右，冬季寒冷少雪，风向以西北风为主，夏季高温多雨，偏南风为主导风向，年平均年降水量约570mm左右，这种气候类型为窑洞建筑的发展奠定了较好的自然气候条件，换而言之，这种气候及地貌的特征很大程度上决定了师家沟村独特的乡村聚落格局（图2-10）。

2. 师家沟村的选址

传统的聚落选址讲究"藏风聚气，得水为上"，师家沟村的选址非常符合传统的聚落选址的要求。村落基址三面环山，位于负阴抱阳的山坡之上，村前的丘陵沟壑形成笔架案山之势，与村后的丘陵山脉形成完整的"气脉"。《管子·度地篇》中明确记载"高勿近阜而用水足，低勿近水而沟防省"，水源是聚落生存的基本自然条件，如果说整体的地貌地势架构了聚落发展的地理空间骨架，那么沟前的节令河就是聚落居民生存和发展的基本保证。"山""水"格局相辅相成，共同编织出师家沟村"背山面水"+"玉带环腰"的自然山水格局（图2-11）。

图2-10 师家沟村全貌及周边环境

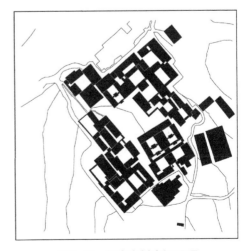

图2-11 师家沟村空间肌理

3. 师家沟村的布局

鸟瞰师家沟村，其聚落建于丘陵半山腰，上部塬面种植粮食作物，下部连接水源地，聚落与山体浑然一体，建筑色彩与环境融洽和谐，如同聚落是从土地中生长出来的一样。师家沟村规模不大，依据地势的起伏变化，建筑群落有机组合，形成了大小不一、形态各异的聚落内部空间，这些空间通过曲折的小路、台阶、陡坡、隧道、密道如串珠一般串联起来，充分地体现出黄土丘陵沟壑区传统乡村聚落"自然、幽深、俭淡、素雅"的空间艺术特色。

根据实地调研及文献查询，师家沟村聚落空间总体布局呈现以下三大总体特征：

"点"——根据村落平面关系来看，师家沟村以"福地"为空间的中心，其他空间围绕其展开空间序列，故"福地"是师家沟古村的空间及精神的中心控制点。

"线"——从垂直空间的角度分析，师家沟村的街巷空间形态，根据地形，随形就势，顺应等高线呈线性展开，聚落空间通过线性的自由交通有机串接，呈现出立体的线性空间架构。

"体"——从三维空间分析研究，师家沟村路网错综交织，四通八达，不同高差的空间通过垂直线性交通有机串联，相互穿插形成了丰富的空间序列。

师家沟村内部空间非常复杂，通过走访调研发现，地势控制着聚落空间的内部结构及发展走向；内部院落没有正南的朝向，院落主要朝向为东南与西南；下层窑洞的屋顶形成了上部的公共空间，最大限度地利用了有限的空间资源（图2-12）。

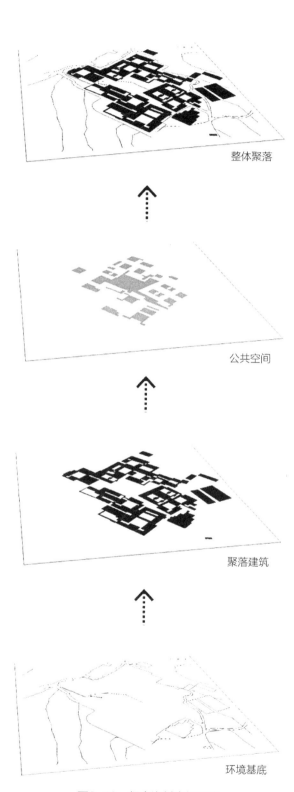

整体聚落

公共空间

聚落建筑

环境基底

图2-12　师家沟村空间层次

4. 师家沟村的空间节点

（1）公共空间特征

师家沟村从表面上看其聚落公共空间系统自由随机，随地势变化而自由布局，但是究其根本，其依然是在"礼制"思想下有序展开的。顺着曲折迂回的小路进入师家沟村，在村口的位置会看见一座雕刻精美的石牌坊，这个牌坊是师家沟村的标志性景观小品，是聚落外围道路的终结以及聚落内部空间序列的开始。蜿蜒迂回的聚落内部交通有序地链接着聚落内部的庙宇、祠堂以及各个房前屋后的生活性公共活动场地，然后逐步延伸至聚落公共空间的核心区域——"福地"。

"福地"是师家沟村中心的一块空地，上下两方紧临崖体，全村的院落均围绕其呈风车状布局，在起伏的丘陵沟壑中，这一块位于半山之中的平地显得尤为重要，该区域内禁止建设房屋，只能栽植几棵桃树用以辟邪，同时祈求家族人丁兴旺、繁荣昌盛（图2-13，图2-14）。

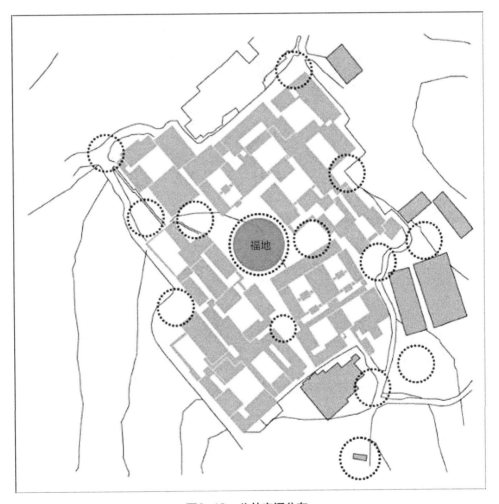

图2-13　公共空间分布

25

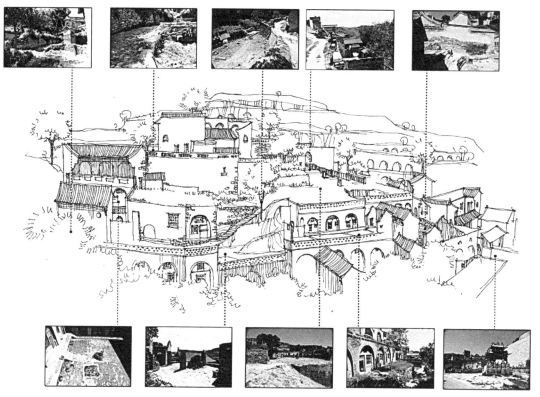

图2-14　公共空间实景

（2）院落空间特征

师家沟村的民居建筑空间形制属于我国传统的合院制民居建筑空间形制，呈现出典型的北方民居特征。其主体建筑是由窑洞和房居共同组成，属于窑房混合型民居建筑类型。师家沟村的院落多为四合院和三合院组合而成的多进院落，院落建设结合地形，因形就势建造，不同的宅基特征呈现出不同的院落格局。尽管师家沟村地处黄土丘陵沟壑区，宅基呈现高差不一的现实特征，但是院落的建设依然遵循着我国传统的合院式空间制式，空间关系序列明确，尊卑关系明显，各院之间布局规整严谨，空间联系紧密，多采用串联的手法组合多个单个院落，最终形成灵活完整的多进院落空间。巷道和户前空间是师家沟村每个院落内部与外部的缓冲空间，其联系方式决定了整个聚落的空间节奏及景观感受，相似格局的多进院落并列地组合在一起形成聚落中院落空间的多组轴线，通过院落空间比例、尺度以及形制的变化反映出聚落中建筑的从属关系以及家庭地位。

院落中的一层正房及厢房多为窑洞，其中正房多为家中长辈或主人的居住用房，厢房多为儿子居住用房或做客房及其他生活用房，未婚女眷多住二楼。倒座以及二层的房屋多为砖木结构，倒座一般在院落中与正房处在同一轴线，一般多用于设宴招待宾客。师家沟村传统民居院落空间布局简洁明快，铺地美观大方，空间导向性强，院中多设置影壁、壁龛、水缸等具备风俗性及实用性的景观设施，建筑装饰考究，雕刻端庄华丽（图2-15，图2-16）。

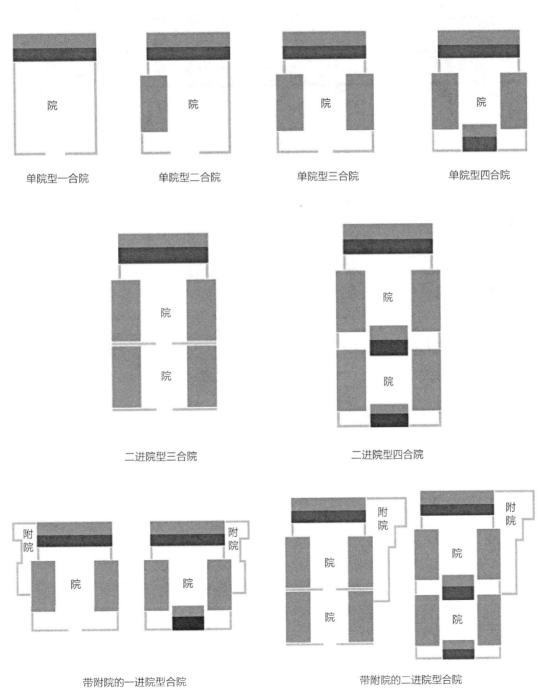

图2-15　师家沟村院落空间形制

(a) 门廊　　　　　　　　(b) 院落　　　　　　　　(c) 门头

(d) 屋顶　　　　　　　　(e) 建筑

图2-16　师家沟村建筑实态

（3）街巷空间特征

师家沟村村落地势复杂，起伏较大，故村内没有采取中轴对称或方格网式的路网结构，村内共有两条主要道路：环状巷道和主干道。村口的石牌坊是主环路的开端，地面以石板铺就，沿着聚落边界迂回曲折而上，道路边界紧挨着建筑的院墙或坎崖边界，简洁实用。东南环道主要衔接院落的后门或偏门，较阴暗潮湿；西南环道主要衔接院落正门及商业建筑，人气较旺。聚落中的主干道两端与环道相连，穿"福地"而过，与各院落的主入口及次入口相连，呈现鱼骨状。主干道空间有张有弛，空间变化丰富，表现出强烈的韵律与节奏感（图2-17）。

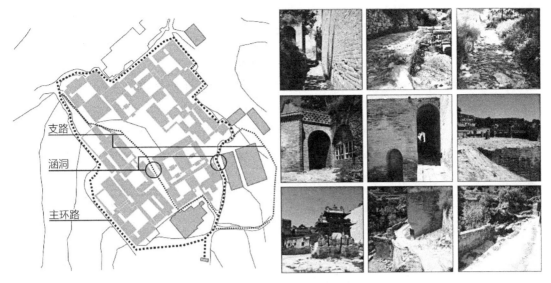

图2-17 师家沟村交通空间

2.3.2 地坑式聚落实态考察——三门峡陕县

1. 陕县的自然地理概况

陕县地处豫西地区，东临渑池县，西接灵宝市，南与洛宁县毗邻，北侧隔黄河遥望山西省平陆县，属于三门峡市行政区划。陕县地处豫西黄土丘陵沟壑区内，地貌地势复杂，南高北低，东峻西坦，崤山在其境内自西南向东北呈弧形延伸，该地区属于中纬度内陆地区，呈现出温带大陆性季风气候特征，冬长夏短，年均降雨量不到600mm，雨季集中在7~9月且多暴雨。该区域地表水资源较为丰富，但是时空分布不均匀且变化幅度较大，加之水土流失严重，故其可利用程度较小。陕县境内海拔最高处1466m，最低处黄河滩海拔约308m，地势复杂，沟壑塬川纵横相间，高差明显。县域境内山地主要集中在南部，约占全县总面积的40%，黄土塬川主要集中在西部，面积约400km²，约占全县总面积的30%，丘陵地貌约占全县面积的30%。地坑式聚落主要分布在黄土塬区，该区域黄土层厚度为50~150m不等，土质结构紧密。

2. 三个地坑式聚落概况——庙上村、人马寨村、窑底村

三门峡陕县是黄土丘陵沟壑区地坑式聚落存量最多、保存最完好的地区。根据相关资料的不完全统计，目前仍有100个以上的地坑式聚落存在，地坑院数量近万座。这些地下聚落主要分布在陕县境内的"张村塬""东凡塬"和"张汴塬"这三大黄土塬区之上。随着乡村社会结构和经济的发展，"高标准"的生存需求与"低收入"的生活现实之间的尖锐矛盾打破了原本自然缓慢发展的聚落，大量的地坑院被闲置，老村逐步废弃，取而代之的是地表式新农村。随着时代的发展，地坑式聚

29

落的历史文化价值逐渐引起社会各方面的重视，2007年3月三门峡陕县被认定为"中国天井窑院文化之乡"，政府开始加大投入对该区域的地坑院进行保护开发。

（1）庙上村概况

庙上村地理上位于陕县张村塬边缘，隶属于陕县西张村镇，距离县城约25km。村中现存地坑院约74座，其中南离宅、北坎宅、西兑宅分别为2座、13座、59座。历史年代久远的地坑院多位于村落的中部，在调研走访中发现实际居住在地坑院中的人数不到村子总人数的1/3，多为老人和妇女。庙上村窑洞的季节性居住特征明显，在春夏的农忙季节，窑洞的居住率会相对较高。村子有13座百年以上的地坑院通过保护修复被用于旅游参观，其余的大部分空废，少部分用于堆放杂物或改建为养殖场，安全隐患凸出。

（2）人马寨村概况

人马寨村位于西张村镇水滑村西侧，毗邻沟壑。该村以村北始建于明朝的古寨墙而得名，以四大名砚的澄泥砚而闻名。人马寨村是张村塬上地坑式聚落保存较好的村子，村中现存地坑窑近140座，约1/2的地坑院仍在使用，其建设多用青砖、青瓦。人马寨村地势相对其他地区较为平坦，交通便利。通过调研走访了解到，曾经村中主要交通线路两侧几乎全部为地坑式院落，黄土高原景观特征显著，但是现在的村中道路两侧基本都是整齐划一的砖房，大多数地坑院处于空废状态，且多分布在离道路较远处，基本上多是老人居住在里面，年轻人则居住在地上的房居内（图2-18）。

（3）窑底村概况

窑底村位于陕县张汴乡中部，距离县城约15km，距离三门峡市区不到30km。村子位于张汴塬上，现存地坑式院落77座，多数修建于20世纪20年代，少量修建于20世纪60年代以后，村中地坑院成片状分布，保存相对较好，多数地坑院仍在使用。窑底村形态呈现不规则形，地坑院集中分布在村子南边，村子中间地势较低的地方有一片水塘，与涝池功能相同，每逢雨季，村中的雨水就会分汇聚于此，这里是村子公共空间的核心区域。水塘旁边有一大片的田地，经访谈了解到，此处原本是五六座地坑院，因破坏严重而被填埋，最后形成大片村内生产用地。村子里现状还有许多的砖房，平屋顶与坡屋顶混杂，凌乱地分布在地坑院之间。

3. 聚落的选址

陕县的地坑式聚落的选址充分体现了借力自然的营建智慧。水源、耕地、交通、防御等等都是聚落选址的重要因素。该区域传统聚落多选址在塬区的边缘地带，主要是考虑到水源、耕地以及交通的资源便利性，逐水而居是该区域聚落选址的共同特点。地坑式聚落外围砌筑有一道很高的寨墙，用于抵御外敌。中华人民共和国成立之后，随着农业生产力的发展，沟壑区内居民逐渐向塬区搬迁并开挖地坑式窑院，目前大部分现存的地坑式窑院也是这个时期开挖建造的（图2-19）。

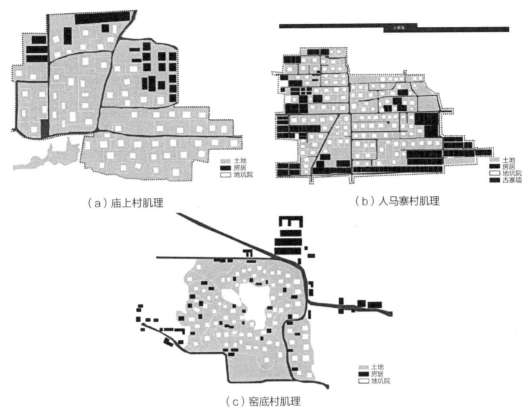

（a）庙上村肌理　　　　　　　　　　　　　（b）人马寨村肌理

（c）窑底村肌理

图2-18　庙上村、人马寨村、窑底村现状

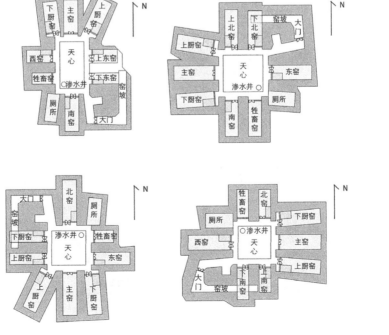

图2-19　标准地坑窑平面

4. 聚落景观特征

三门峡陕县地处豫西黄土丘陵沟壑区，境内沟壑纵横，塬川相间，这里独特的自然地貌孕育了地坑式聚落独特的景观特征与居住文化。聚落地上空间主要是通达性和可视性良好的开敞空间，植物点缀其中。聚落的开敞空间一般为三种形式：第一种是以聚落宗祠类建筑为核心形成的传统意义上的公共空间；第二种是利用地坑院窑顶形成的用于聚落中居民生产、生活的开放空间，此类开放空间被地坑院分割，其空间形态呈现连续、不规则的特征；第三种就是围绕聚落中的水塘或涝池形成的开放空间，例如人马寨村的水塘，这类开放空间植物生长茂盛，生态性良好。地坑式聚落特殊的建筑形态使得这种村子的景观具有与众不同的美学价值：首先，下沉式的窑洞具有其他形式窑洞所不具备的神秘之美。人从开阔的地面通过坡道进入地坑院，空间感受从空旷开敞变为骤然紧迫随之又转变为豁然开朗，给人以强烈的神秘感；其次，根植于大地的建筑形式与自然环境相得益彰，青砖围合的拦马墙限定了院落的空间范围。黄、红、黑三色共同构成的具有浓烈地域特质的建筑色彩与挂在窑脸上的黄色的包谷、红色的辣椒，簸箕里火红的大枣，窑顶上金黄的麦秸垛等等这些丰富生动的生活色彩共同构成了村子独有的景观特质。一个个生动的地坑式窑院与黄土地貌浑然一体，这种独特的原生式的形态，构成了黄土塬区地坑式聚落与众不同的景观空间形态，同时形成了这里独特的文化景观（图2-20）。

（a）公共空间　　　　　　　　　　　　　（b）入口

（c）传统地坑院　　　　　　　　　　　　（d）新建地坑院

图2-20　地坑式聚落景观现实

2.3.3 地表式聚落实态考察——山西襄汾县丁村

1. 丁村概况

山西省襄汾县丁村坐落在距襄汾县城约5km汾河东岸的黄土塬上，村落整体形态呈梯形，占地约112.5亩。丁村始建于明朝万历年间，村民以丁姓为主。丁村地处晋南地区黄土丘陵山地与平地交接过渡地带，村子被群山环抱，是黄土丘陵沟壑区地表型聚落的典型代表。山西襄汾县气候属温带大陆性气候，四季季相分明，年均气温约12~15℃，年均降水量约550mm。丁村的土地多为汾河洪积扇，适合农业生产，地域景观特征明显。

2. 丁村的风水与选址

聚落的选址与形态是当地自然环境、历史文化以及风土民俗综合作用的结果。丁村坐落于汾河谷地，地势由东北向西南逐渐降低。聚落东侧塔尔山绵延起伏，成为村子的一道天然屏障，西侧汾河蜿蜒流淌，宛如一条玉带将村落环抱。汾河是村子早年主要的水源，在满足丁村生活与生产用水的同时，还为村子提供了便利的水陆交通，促进了聚落文化、经济、建筑以及艺术的发展（图2-21）。

3. 丁村的空间格局

（1）总体布局

丁村是一个结构完整的单姓氏宗族聚落，外部边界筑土墙为"堡"，人居墙内，墙外农田环绕，体现了聚落防御性与封闭性的性格特征。根据丁氏族谱资料显示，丁村修建时其东南角部分用地被邻村（敬村）所占，所以村子的边界呈不规则的梯形。村落内部空间通过三条主要道路及众多巷道共同构成树状的双丁字形结构，民居建筑以宗祠、涝池等公共建筑或设施为核心展开邻里式布局，街巷连接各邻里组团，空间结构层次清晰，序列感强。

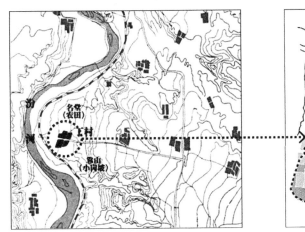
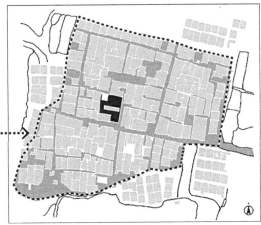

图2-21 丁村山水格局及空间肌理

（2）街巷交通

道路交通是聚落空间构成的骨架，一般来说传统的聚落道路系统多为棋盘式和鱼骨式两种路网。棋盘式路网多采用直线型街道，垂直相交，有利于交通工具的通行以及方位的确定。鱼骨式路网多以一条主要交通线路为骨干，在其两侧通过低级别的道路联系建筑或其他空间节点，是主要交通向多方向发展。丁村的道路系统具有两种路网的共同特征，属于混合型道路系统。

丁村的道路系统分为三个级别，即街道、巷道、窄巷。街道是指村子中，东西向的主要道路。该街道东起村子入口，西至村落祠堂，东西向贯穿村子，联系着村子中主要的公共建筑和公共空间节点，是丁村最主要的街道；巷道主要是指村子中南北向的道路，道路宽度窄于街道，与街道呈丁字形衔接，是村子中街道的补充交通；窄巷多是宅院的户前道路，建筑院落通过窄巷与村子的主要交通发生联系。街道、巷道以及窄巷共同构成了丁村的空间结构骨架。丁村道路宽度多为2.5~3.5m，断面呈现中间低两侧高的"U形"特征，一方面利于马车通过，一方面利于雨水收集和排放（图2-22）。

4. 丁村院落与装饰

丁村民居为我国典型的合院式房居，院落格局对称，轴线关系明确，建筑典雅庄重。丁村合院多为12m×22m的单进四合院和15m×15m的单进三合院，少数为简化的二合院，主体建筑为砖木结构，属于典型的房居型民居建筑类型。丁村院落的建设多围绕村子中的公共建筑或核心空间，邻里式地并排建造，有序地向外扩散，形成局部组团，组合成为一个完整的生活区域，每个组团都有着明显的空间核

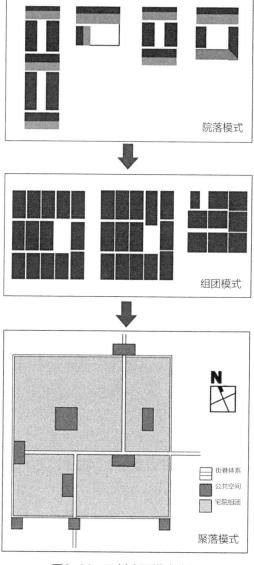

图2-22　丁村空间模式分析

（a）街景　　　　　　　　　　　　（b）公共空间

（c）砖饰　　　　　　　　　　　　（d）建筑

图2-23　丁村景观现状

心。鱼骨式的交通串接各个院落，通过院落空间大小、形制变化以及建筑的精细程度可以反映出聚落中建筑的从属关系以及家庭地位。并列的建筑院落以公共建筑或公共空间为核心组合在一起，最终形成整个聚落的空间节奏及景观感受。丁村传统民居院落，空间布局简洁明快，铺地美观大方，空间导向性强，院中多设置影壁、壁龛、水缸等具备风俗性及实用性的景观设施，建筑装饰考究，装饰集砖雕、木雕以及石雕于一体，雕刻技艺高超、内容丰富，风格质朴真实（图2-23）。

2.4　黄土丘陵沟壑区传统聚落景观特征分析

2.4.1　聚落景观的经济性功能内涵

　　与城市中大尺度的景观设计不同的是，黄土丘陵沟壑区传统聚落的空间营建过程中不仅没有将大自然过度人工化改造，反而是在适应自然现状的前提下，基于当地生产生活特征进行了人性化的景观营建，使其具有了功能性和实用性的双重特点。

（1）基于农业经济结构的大地景观形态展现

农业生产活动是黄土丘陵沟壑区乡村聚落最基本的生产活动，农业生产活动的场景也是该地貌下乡村景观最直接的表现。通过调研了解，该区域户均耕地面积约2.5~3亩，受地形地貌的限制，为保证生产用地最大化，耕地大多是沿着等高线根据农民一天最大可耕作面积进行开垦建设的，最终形成了梯田或台地。由此可见，黄土丘陵沟壑区的农耕景观是在满足基本生产需求下由一系列人性化的耕地空间有机组合而成的，相对于平原地区开阔舒展的平面化农耕景观，黄土丘陵沟壑区的生产景观更加的立体且层次丰富（图2-24）。

（2）基于生产生活复合功能的乡村景观营建

乡村聚落的景观并不是为了展现景观而营建的。由于自然条件的限制，聚落中的各类空间、设施或构筑物的设置都与当地居民生产、生活息息相关。例如聚落中的家庭院落，就如同广场一样，既是家庭聚会活动空间，也是晾晒生产空间和儿童玩耍游戏空间。黄土丘陵沟壑区传统乡村聚落的公共空间多设置在聚落街巷的交汇点处，一般在街巷交汇处会种植一颗大树，一是作为空间节点的标志，二是为村民活动提供阴凉。在调研走访中发现，在黄土丘陵沟壑区传统乡村聚落中，具有多重功能的构筑设施比比皆是，例如，坎崖边的道路的围护设施一般都会顺应高差的变化建设成阶梯状，一方面消除了直线型围护设施在视觉上的单一感，形成了良好的视觉效果；另一方面村民可以将其当作休息座椅使用（图2-25）。

（3）基于耐久适用的景观表现

在走访调研的过程中，笔者观察发现，黄土丘陵沟壑区传统乡村聚落的环境景观设施均表现出极强的耐久性与环境适应性。以聚落中的挡土墙为例进行如下分析：挡土墙是黄土丘陵沟壑区乡村聚落营建必不可少的安全构筑设施，虽经长年累月的自然洗礼，这些环境构筑设施却依然发挥着其应有的作用。营建中运用砖石作

（a）黄土丘陵沟壑区的梯田　　　　　　　　（b）黄土丘陵沟壑区的鱼塘

图2-24　黄土丘陵沟壑区生产景观

为安全工程加固的基础，再在上面种植植物，随着植物的生长，植物的根系会不断扩张，从而也可以起到了安全加固的作用。通过本土材料与植物的配合使用，伴随着植物的生长，可使其功能的耐久性随之逐渐增强，也使得此类构筑物更加自然亲和（图2-26，图2-27）。

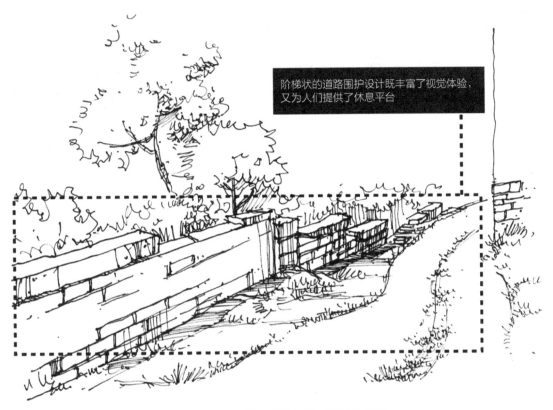

图2-25　多功能阶梯状坎崖围护结构设计

图2-26　挡土墙实景

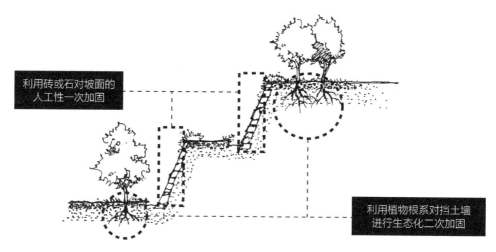

图2-27　挡土墙的耐久性分析

2.4.2　聚落景观的传统视觉美表现

1. 巧借山水的自然之美

黄土丘陵沟壑区独特的地貌奠定了该地域条件下的景观格局基调。由于该区域适宜耕种的土地资源较少，所以相对肥沃及光照条件好的土地一般都会用来进行农业生产，居住是次要考虑的问题。聚落内部的建筑院落因形就势，顺应等高线布局，尽可能小地修改地形，最大限度地将外界的山水景观资源引入到聚落内部，使其远观呈现出鳞次栉比、高低错落、融于环境的整体效果。其特点可总结为："平地种田，山地造屋，因借山水，顺应自然（图2-28）。"

2. 自由灵动的不规则之美

黄土丘陵沟壑区传统乡村聚落的内部空间变化丰富，街巷沿着等高线迂回而上，主街与巷道没有明显的区分与界定，尽管难以用体系将黄土丘陵沟壑区乡村聚落的交通系统加以明确划分，但正是其不成体系的现实格局让空间变得丰富灵活。聚落中的公共空间多呈不规则形，见缝插针地散落在街巷交汇点上，居民闲时多在

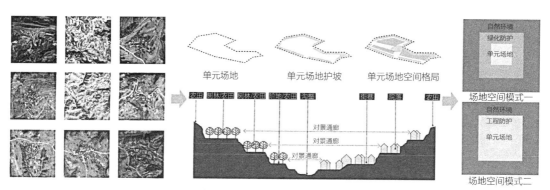

图2-28　黄土沟壑区传统聚落场地模式抽样分析

这里休闲聊天。自由的公共空间与周围的沟壑山体相互呼应，久而久之便形成了黄土沟壑区传统乡村聚落的特色景观空间（图2-29）。

3. 历史久远的沧桑之美

黄土丘陵沟壑区传统乡村聚落景观是经过千百年来聚落自身缓慢发展而逐渐形成的。聚落环境经过风雨侵蚀和人为作用，会出现不同程度的损坏或破坏，当地居民在原来的基础上利用本土材料将其修缮，长年累月之后，时代的印记就被留在了聚落的环境当中。本土材料在经过长年累月的自然洗礼之后，其色彩逐渐形成了耐人寻味的复合色，其肌理逐渐与周围的环境有机地融为一体，呈现出一种历史带来的"雅致"与"宁静"，给观者带来了与众不同的景观体验（图2-30）。

（a）不规则的公共空间　　　　　　　　　　　　（b）户前空间

图2-29　灵活多变的公共空间

（a）断壁残垣　　　　　　　　　　　　　　　　（b）年代久远的道路

（c）影壁　　　　　　　　　　　　　　　　　　（d）墙面

图2-30　聚落的沧桑之美

4. 季相丰富的田园之美

黄土丘陵沟壑区农业种植主要以北方农作物为主，作物景相分明，色彩丰富。水源及光照条件较好的土地会优先考虑作为农业生产用地，一般塬顶或相对平坦的土地也均被用作农业生产，沟壑之间被绿色覆盖，伴随着四季的变化，呈现出了丰富多变的怡人景象（图2-31）。

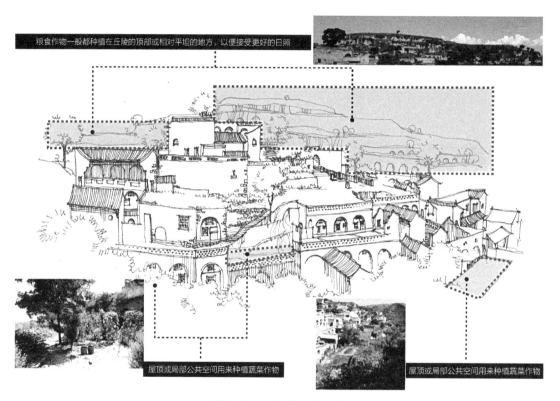

图2-31 农业生产分布图

2.4.3 聚落景观的生态性营建经验

1. 聚落的生态性建造选址

黄土丘陵沟壑区传统乡村聚落的选址大都位于丘陵山体的中部位置，面沟向阳是该区域传统聚落选址的共同特点：第一，黄土沟壑区水土流失严重，如果选址在丘陵山体底部，非常容易受到山体滑坡及洪水的威胁，所以选址于山体的中部就会有效地降低自然灾害给聚落带来的威胁，同时也能有效地避免雨季聚落内部积水；第二，丘陵山体中部位置的黄土层覆土厚实，黏度及强度比较适宜修筑窑洞，有利于发挥窑洞建筑的生态优势；第三，丘陵山体的顶部空间日照条件好，上部空间非常适宜种植农作物发展聚落生产，聚落顶部的农作物的根系也会对水土保持起到一定的作用，这种生态的固土系统为聚落的生存安全起到了非常重要的作用；第四，夏季丘陵山体顶部的空气受太阳辐射温度较高，山顶的空气与沟壑之间的空气温差较大，通过热压的作用，沟壑中的冷空气会逐渐上升与上部的热空气进行中和，从而使聚落整体处于一个热舒适度适中的自然环境当中。

2. 地域材料的本土生态化应用

黄土丘陵沟壑区传统乡村聚落受到自然、资金以及运输条件的客观限制，在建设过程中往往必须就地取材，青砖、土坯砖、夯土等建筑材料均是该区域主要的建设材料。这些生土材料导热系数低，热工性能稳定，有效地降低了建筑与外环境之间的热交换，大大提高了聚落环境的热舒适度。根据调研整理，该区域窑院冬季的室温一般在10℃左右，夏季室温约20℃，基本达到恒温环境。生态材料可以就地取材，具有施工方便、经济耐用的优点，同时这些材料完全来源于自然生态系统，又有良好的生态循环再生性，对环境的影响较低（图2-32）。

3. 传统空间的生态化建造技术

（1）通风与防风

黄土丘陵沟壑区属于冬冷夏热地区，该区域传统乡村聚落的院落多是采取"三合院"或"四合院"的平面布局形式，抽象到图形可以理解为"凹"字形和"回"字形。在该区域的院落中无论是平屋顶还是坡屋顶，一般后墙均高于前部的屋檐及院墙，院内的房屋一般都会采取坐北朝南的布局方式。这种布局方式在冬季可有效

（a）砖　　　　　　　　　　　　　　（b）土

（c）石　　　　　　　　　　　　　　（d）瓦

图2-32　本土材料

地抵挡风沙同时又可巧妙避开西北季风的正面侵袭，保障了室内的温度、湿度以及气压的稳定，同时使得建筑能够得到充足的光照。该区域夏季炎热，为了使生活环境更为舒适，大门一般都会设置在东南侧或西南侧，这样有利于夏季来自东南或西南的凉风吹进院子，调节室内温度。高大院墙围合的空间有利于发挥"烟囱"效应，有助于院落中的室内外空气不断进行自然循环。

（2）采光与防晒

黄土丘陵沟壑区地貌沟壑纵横，传统乡村聚落多建造在丘陵山体的中部位置，该区域的采光与防晒是改善生活环境必须解决的重要问题。在笔者走访调研的过程中发现，聚落中的院落及建筑一般选择南、东南、西南朝向，有效地利用沟壑台地，层层错落地建造，随形就势地抬升正房的标高，这样不仅可以有效地利用地形形成具有地域特色的聚落空间形态，还可以最大限度地接受阳光照射，能有效缓解窑洞建筑室内光度较低的问题。

黄土丘陵沟壑区中黄土是该区域的基础自然材料，该地貌特色下的聚落建设材料大部分都与黄土相关。自然材料中黄土的比热容较大，厚重的黄土层不仅有隔热的作用，同时储热蓄热的能力也非常强。该区域传统乡村聚落中窑洞占据了非常大的比例，如果院落单独建造黄土墙，其在白天直接接受太阳的照射，吸收大量的热量，夜间热量多通过辐射作用扩散到室内，将直接导致室内温度过高，使人感觉不适，所以该区域聚落一般都会采取高密度的建设模式，这样一来院落既能充分接受太阳光照，又能相互遮挡，最大限度地避免西晒。这种建设模式可在增加光照度的条件下，最大限度地避免过分储热蓄热带来的不利因素，使得居民能够获得热舒适度适宜的生活环境。

（3）防洪与节水

黄土丘陵沟壑区的降水比较集中，洪灾也是乡村聚落需要面对的第一大自然灾害。由于黄土丘陵沟壑区中很大一部分地区的地质属于湿陷性黄土地质，在严重受潮或浸泡的情况下非常容易塌方，因此防洪与排水是该区域聚落营建须解决的首要问题，"收集疏导，形成错峰"是该区域聚落排水的基本原则。黄土丘陵沟壑区干旱少雨，且水土流失严重，所以该地区的居民会对雨水进行最大限度地收集，用于生产生活，溢出部分则通过排水设施疏导出村外，这样分层次的收集与疏导就有效降低了聚落中积水的可能性，既保证了聚落的生存安全，又收集了雨水资源。黄土丘陵沟壑区传统乡村聚落的雨水收集疏导系统基本可以分为三个层级：第一层级是雨水从屋顶向院落引导。聚落中的屋顶一般分为坡屋顶和平屋顶两种，雨水先从坡屋顶流向平屋顶，平屋顶上一般会放置一口大缸用于收集雨水，多余的雨水通过平屋顶的人工找坡（坡度依据地形一般在2%~5%的区间范围内）有条不紊地排至院落；第二个层级是院落收集疏导。该区域的院落在建造时一般也都会进行找坡处理，院落的坡度在2%~3%之间，院落中会在坡度较低的地方设置水窖用于收集院落中的雨水，溢出部分再通过院落的排水道排出屋外，同时部分的雨水也会收集到院内中间的大水缸之中；第三个层级就是由村落的排水系统统一收集至涝池或排至村外沟壑之中。黄土丘陵沟壑区传统乡村聚落的雨水收集疏导系统贯穿聚落中的每一个院落及每一条街巷，形成了一套具有地域特色的生态集水排水网络，使得聚落在雨季可以呈现出"院无积水，路不湿鞋"的景象，这也就最大限度地避免了大面积积水带来的水土流失、山体滑坡等自然灾害的威胁，为聚落中居民的生活提供了最大的安全保障（表2-1）。

黄土丘陵沟壑区传统乡村聚落生态营建经验表　　　　　表2-1

名称		特征	实景图片
生态选址		丘陵山体中部，面沟向阳，近水	
生态材料		砖、瓦、夯土、石材、木材等	
生态营建	通风防风	"凹"形和"回"形院落，前低后高，东南或西南开门，"烟囱"效应	
	采光防晒	房屋尽量南向，错落层叠，高密度营建	
	防洪节水	三级排水： 屋顶——院落——街巷	

2.4.4 聚落景观的地域性建造表达

1. 具有地域特色的景观要素

（1）标志——牌坊、古树名木等

黄土丘陵沟壑区传统乡村聚落都有其标志性的构筑物，例如村口的牌坊、空间结点的古树名木等。这些标志物有助于村落的识别，一般都是村落空间序列的起始端，换而言之，这些标志物所处的区域也可以理解为村落的"水口"。"水口者，一方众水总出口也。"

这些村落入口标志性的构筑物或古树名木一般位于聚落下端出水口的位置，以丘陵山体作为水口的屏障，可起到障景的作用；结合沟壑与道路构成相对围合封闭的标志性入口空间，可凸显聚落的内外空间界限；通过"水口"进入聚落后迂回转折，内外的空间感受对比强烈，可给人以豁然开朗的景观体验（图2-33）。

（2）节点——宗祠庙宇、交通结点、水塘等

黄土丘陵沟壑区传统乡村聚落中的景观空间节点多是聚落中居民进行公共社交活动的开敞空间。聚落中的节点空间多依托宗祠庙宇、交通结点、水塘形成。围绕宗祠庙堂或其他公共建筑形成的节点：传统聚落中一般都会有自己的宗祠、庙堂或公共建筑，其周边一般都会退让出一定范围的空间形成广场，家族势力的强弱决定了其宗祠庙宇建筑档次的高低，也决定了其外部公共空间尺度的大小。聚落组团一般都围绕这些公共空间进行布局，形态迎合地形，自然随意；依托交通或屋顶形成的节点：黄土丘陵沟壑区地势复杂，该区域的聚落节点空间随形就势，多为不规则形，空间尺度一般都不大，如珍珠般由聚落的主街或巷道串接形成网络。聚落邻里间的公共活动较为随意，街头巷尾的大树下、街巷交汇点、街巷转弯处均是其公共活动空间，且形态自然随意；围绕水塘形成的节点：水具有聚财与吉祥的寓意，在黄土丘陵沟壑区有条件的聚落通常会利用聚落内部的水塘或涝池形成聚气空间，通过组团围合形成公共空间，这些空间一般多与宗祠庙堂结合布置，形态自然随意（表2-2）。

（a）牌坊　　　　　　（b）涵洞　　　　　　（c）小广场

图2-33　特色入口空间

黄土丘陵沟壑区传统乡村聚落节点营建特点分析表　　表2-2

名称	特征	空间意向
围绕宗祠庙堂或其他公共建筑形成的节点	以建筑为中心形成广场空间	
依托交通或屋顶形成的节点	交通　形态不规则，迎合地势，随意自然	
	屋顶　依托下层建筑平面，形态相对规整	
围绕水塘形成的节点	结合建筑，形态自由	

（3）肌理——符合生活习俗的建筑院落

院落文化是黄土丘陵沟壑区最为明显的建筑景观特征。聚落中一座座院落犹如一座座小城堡，被街巷分割，又高又厚的围墙，显示出极强的防御性，同时也起到了界定街巷范围的作用。聚落中街巷与院落依据地形地势的变化而变化，空间利用合理紧凑，既严整又自由地构成了黄土丘陵沟壑河区传统乡村聚落的空间肌理。院落围墙内部空间随地形变换而变化，景观层次丰富。建筑布局体现出礼制的思想，建筑主体都比较高大，一层多为窑洞，二层多为砖木或砖石结构，屋顶一般为单坡屋顶，有利于雨水的收集（表2-3）。

黄土丘陵沟壑区传统乡村聚落建筑景观特征表　　　　　表2-3

名称		特征	实景图片
整体肌理	相对平整地区	随形就势，逐级而起	
	丘陵沟壑地区	随形就势，融于自然	
建筑屋顶（一层）		平顶，形成公共空间	
建筑屋顶（二层）		多数单坡，少数双坡	

续表

名称	特征	实景图片
院落门头	大气、自然，用砖砌筑而成	
院墙	高大、厚重	
街巷	狭窄，结合院墙组织流向	
空间转折	影壁，吉祥寓意	
院落空间	空间丰富，层次分明	

（4）交通——因地制宜的街与巷

聚落道路系统随地势地貌起伏，以自然的曲线贯穿整个聚落，联系每个院落。同时，道路系统也是聚落中排水系统的重要组成部分，其结合地形将道路断面设计成"U"形以利于排水。街巷交叉口常呈现"丁"字形、"之"字形或"风车"形，寓意"人丁兴旺"。在交叉口处建筑或围墙一般都比较高大，同时结合围墙或建筑墙面设置有影壁以阻挡视线，这样一来人就不会一眼望穿道路，行走在聚落中可给人以迂回曲折，豁然开朗的景观体验（表2-4，表2-5，表2-6）。

黄土沟壑区聚落道路交叉口形式示意表　　　　　　　　表2-4

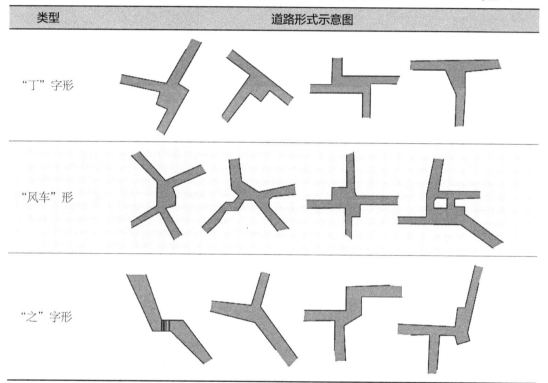

类型	道路形式示意图
"丁"字形	
"风车"形	
"之"字形	

黄土沟壑区聚落道路断面形式分析表　　　　　　　　表2-5

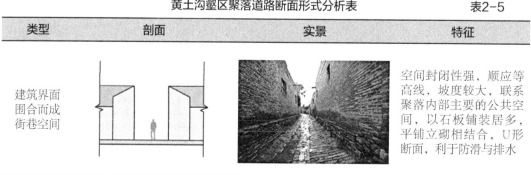

类型	剖面	实景	特征
建筑界面围合而成街巷空间			空间封闭性强，顺应等高线，坡度较大，联系聚落内部主要的公共空间，以石板铺装居多，平铺立砌相结合，U形断面，利于防滑与排水

续表

类型	剖面	实景	特征
临沟道路			宽度一般不大于2m，满足生活使用需求，心里尺度较亲切，多为素土夯实，边有石砌或堆土围护结构
建筑界面错叠巷道			封闭开敞相得益彰，空间丰富道路宽，尺度满足生活需求，上层多联系公共空间，铺砖为素土夯实与砖石相结合
沿等高线多层道路			多存在于坡度较陡、高差变化大的地方，多形成"之"字形路，联系聚落不同高差的空间层面

黄土丘陵沟壑区传统乡村聚落道路系统特征表　　　　　表2-6

名称	特征	实景图片
道路断面	"U"形断面利于排水	
道路转角	转角界面多利用本土材料进行艺术化处理（材料分为砖、瓦、夯土、石、木）	

2. 地域材料的艺术表达

（1）实墙

墙体是建筑的重要组成部分，对于建筑来说起着围护、承重、空间分隔的重要作用。在黄土丘陵沟壑区传统乡村聚落中墙体还起着聚落街巷空间组织及聚落空间划分的作用，不仅"无墙不成屋"，而且"无墙不成街"。砖作为黄土丘陵沟壑区传统乡村聚落最基本的建设材料，在聚落的营建中不可或缺。针对砖的材料特性，该区域的居民也有其独特的砌筑方式。其通过砌筑方式的变换、材质的穿插赋予了墙体不同的肌理及艺术特质。

黄土丘陵沟壑区乡村建设用砖以土坯砖和标准的实心砖为主，基本上一层窑脸外砌实心砖（坚固美观），二层用土坯砖填充在内，用实心砖美化和加固表面。在黄土丘陵沟壑区特定的地理环境条件下，该区域的匠人形成了一套适合当地的砌筑方式及艺术砌砖方法，具体形式可以归纳为"平砖顺砌""满丁满跑""梅花丁""两平一侧""多层一丁""多层一甃""一眠多斗""无眠空斗"这八种（图2-34）。

（2）花墙

与实墙相比花墙一般不起承重作用，只起安全维护和装饰的作用，一般多用于公共空间的围护墙、一层窑洞的屋顶挡马墙、平屋顶女儿墙、院墙墙帽和环境中的景观墙等。黄土丘陵沟壑区的传统乡村聚落中花墙的砌筑方式较多，常用材料以砖瓦为主，将材料通过不同的方式进行砌筑，可形成或镂空或半镂空的图案形状，既能实现围护功能，又能达到较好的空间艺术效果（图2-35）。

图2-34 实墙的朴素艺术表现

图2-35 花墙的朴素艺术表现

（3）铺装

黄土丘陵沟壑区传统聚落地面铺装分为院落铺装和街巷铺装两类。砖多用于院落铺装，称为"砖墁地面"，院落铺装一般都会呈现两种以上的肌理，这样不仅丰富了院落的景观体验，又起到了导向作用。石材多用于街巷铺装，称为"石活地面"。

1）院落铺装（砖墁地面）

常用的砖一般为方形砖和条形砖，常用的尺寸为300mm×300mm×60mm和240mm×120mm×60mm两种；砖都是以黏土烧制而成，具有良好的吸湿性及防潮性；砖的尺寸适中易于组合，可以形成多种艺术效果，缺点是在光照和通风不足的情况下砖易长青苔，使地面变滑易摔倒。砖块尺寸较小时抗压性不好，长期使用机动车会使地面不平整；院落铺设时一般用素土或三七灰土夯实作为垫层，砖直接铺设在垫层之上。方形砖一般直接平铺，条形砖有平铺和立砌两种铺设方式，以不同的组合方式可砌成不同的花纹，美化院落环境；转角部位或有高差的地方一般都会改变砌筑方式进行收边，防止砖"散伙"。

2）街巷铺装（石活地面）

黄土丘陵沟壑区传统聚落的街巷铺地通常使用石材，主要有条石、青石、毛石、卵石或碎石等。石材多样的组合方式也使得街巷呈现出丰富的景观艺术效果。石活地面的平整性不如砖墁地面强，一般将青石板、平毛石和大河卵石等较大尺寸石材用于道路铺装和院落内停车铺装。其他的石材铺装时，一般都是大块居中，小块位于两侧，路面高低错落，呈现出别有韵味的乡村魅力（图2-36）。

图2-36　地面铺砖的朴素艺术表现

2.4.5　聚落景观的精神性社会需求

1. 心灵故乡式的景观体验

心灵故乡是故乡亲人一举手一投足，萦绕在记忆中的思念；心灵故乡是一转身一回首，一个若有所思的凝眸；心灵故乡是记忆中曾经年少时的欢声笑语；心灵故乡是房前那条迂回潺潺的小河；心灵故乡是屋后那座巍然挺立的青山。心灵故乡是人对家乡眷恋的一种情感状态，是一种人对于其所生存的环境从感知到认知的一个过程，这种状态表现在对于家乡空间的记忆，环境的记忆，生活的记忆。正如诗人余光中《乡愁》这首诗中所表达的，邮票是一种意象，船票、坟墓等都是意象，都寄予了思乡情怀。那年少时的一枚邮票，那青年时的一张船票，甚至那未来的一方坟墓，都寄寓了诗人以及万千游子的绵长心灵之思（图2-37）。

（a）具有地理辨识度的大地景观　　　　　　（b）带有生活气息的聚落空间

图2-37　心灵故乡式的景观体验（1）

　　黄土丘陵沟壑区其自身独特的自然环境特点，塑造了该区域独特的景观环境，沟壑间潺潺的流水，丰富的生物活动，使人能够强烈地感受到生命力；层层叠叠的梯田与周围的自然环境有机融合在一起，聚落祥和地坐落在丘陵山地之间。乡村景观是聚落居民生存要素的综合体现，这种综合的体现恰恰带给人祥和、安定、安逸的心灵感受，这种精神层面的体验正是黄土丘陵沟壑区传统乡村聚落景观功能性、视觉性、生态性以及地域性的综合表达与升华，这种精神的体验也正是黄土丘陵沟壑区传统乡村聚落的地域文化与生活传统不可复制的自然存在性的综合体现。朴实无华的黄土奠定了这个区域景观的基本格调，使其具有了有别于其他地域的景观特征，这里的聚落景观体现着这里数代居民生活的智慧与时代的沧桑。

2. 风土习俗的生活化展示

　　景观环境的营造是为了给人创造美的、舒适的生活环境，让人更好地去生活。生活的场景与细节就是聚落景观最重要的展示平台，俗话说"一方水土养育一方人"，黄土丘陵沟壑区独特的自然条件孕育了这里独特的生活方式及风土人情，地域风土的魅力在这里通过生产生活自然地展现，并逐步形成了该区域独有的文化景观特色。在传统的"耕读"的思想影响下逐步形成的民俗文化最直接、最纯粹地宣扬着黄土丘陵沟壑区居民的生活情怀，最真实、最客观地反映了这里最鲜活的历史，最完整、最全面地浓缩了最原汁原味的黄河文明与厚重沧桑的黄土文化。走在聚落当中，无时无刻不让观者感受着地域文化带给我们的惊喜与震撼，这种精神层面的景观体验是该区域所有营建智慧集大成的具体表现（图2-38，表2-7）。

（a）花馍

（b）生活化景观1　　　　　（c）生活化景观2　　　　　（d）民间艺术

图2-38　心灵故乡式的景观体验（2）

风土习俗的主要展示要素 表2-7

名称	要素
自然	不同气候条件下的环境景象、地形地貌、植被等
历史	民居建筑、传统空间、构筑物、纪念空间、传统技艺
文化生活	民间风俗、生活思维、民间艺术、饮食文化、生活方式、图腾样式
生产	适合黄土丘陵沟壑区的农业生产

豫西黄土丘陵沟壑区乡村景观的现实与转型

豫西黄土丘陵沟壑区位于黄土高原的东南部，河南省西部，西邻陕西，北望黄河，南依伏牛山脉，东接黄淮平原，是黄土高原与黄淮平原的交接过渡地带，这里农耕历史悠久，农业人口比重大，大小村镇散落在该区域当中。随着现代化生活方式的逐步渗透、现代农业生产的土地集约需求以及国家新型城镇化政策和生态安全建设的推动，人口大量外迁的现象骤然增加，区域内原本安静的、自然生长的、散落的村镇已经无法适应现代生活的物质需求与节奏，面对转型不可避免。区域内大量新建的集约化新型乡村社区如雨后春笋般地拔地而起，面对当下传统乡村聚落的集约化转型，弄清当下豫西黄土丘陵沟壑区内乡村景观建设与发展的现实与内在动因，是我们探讨该区域内新型乡村聚落景观适宜性发展道路的前提。

3.1 新型城镇化背景下的乡村集约发展新趋势

3.1.1 新型城镇化政策下的区域乡村集约发展

1. 以人为本的新型城镇化转型

中国社会科学院农村发展研究所研究员党国英在接受中国经济网—《经济日报》

的专访时对我国"以人为本"的新型城镇化转型做出了如下的解释：以人为核心的城镇化是指以资源高效利用为基础，以人口的自主空间转移为路径，以城乡基本公共服务均等化为体制改革着力点，以可持续发展为底线，全面改善人民生活品质，提升人的基本权利的保障水平，实现由传统乡村生活向现代城镇化社会的转型。以人为核心的城镇化的具体内涵包括若干内容：一是通过农村人口向各类城市适度集中，提高以人力资源为核心的各类经济要素的利用效率；二是以基本财产权建立为核心，培育中产阶层，打造稳定的城乡社会结构；三是在农业人口长期有序大量向非农产业转移的基础上，更新农业产业组织，实现农业现代化；四是创新城乡社会管理体制，发展社区民主，形成基础统一、特色兼备的城乡社区治理方式；五是合理布局城乡人口，允许专业农户分散居住，使有条件的城市的中产阶层拥有独栋房产；六是大力保护城乡环境，改善城市景观，打造美丽乡村，提高环境资源可持续水平。[①]

2. 豫西黄土丘陵沟壑区乡村城镇化集约发展现实

城乡集约化发展是我国社会经济发展的时代需求。近年来，在各地乡村建设发展的实践中，新型农村社区的建设成为了新型城镇化背景下乡村建设发展的主要手段，其目的在于将分散的用地进行整合，将节约出来的土地用于扩大耕地面积或其他功能开发，同时便于集中为乡村居民提供生活基础设施及公共服务设施。豫西黄土丘陵沟壑区生态环境脆弱，水土流失严重，村庄分散，人口密度小，大量的自然村落既靠不到城市，也挨不着乡镇，交通闭塞，经济滞后，教育脱节，生活在这里的居民世代都无法享受到社会发展所带来的便捷，而且将这些村子的居民完全地集中到城镇生活也是不现实的。因此，将这些村子集约整合，以中心村为核心，扩大其用地规模，进行中心集聚，优化调整产业发展结构，提高乡村生活环境品质，建设新型农村社区，成了该区域内乡村城镇化发展的一大特点。以三门峡卢氏县为例，该县原有行政村352个，自然村2685个，整合后规划新型农村社区105个，其中城镇型居住社区28个，新型农村社区77个，至规划期末2030年，全县节约建设用地3224.2hm^2。据相关数据显示：截至2012年7月，河南省启动新型农村社区建设试点2300个，其中已初步建成350个，[②]乡村集约发展势头强劲（表3-1）。

---

① 由传统乡村生活向现代社会转型，中国经济网－《经济日报》。
② 张俊卫. 河南省村庄的类城镇化及建设路径重构［J］. 规划师，2015（03）.
（注：三门峡卢氏县地势地貌属于豫西浅山区，其地貌特色、气候特征以及乡村现实与豫西黄土丘陵沟壑区内的乡村具有一定的相似性，作者在调研中了解，豫西黄土丘陵沟壑区内的乡村聚落发展缓慢，尚无可借鉴的经验模式。卢氏县是豫西地区较早编制新型农村社区布局规划的行政单位之一，在当下豫西地区具有一定的代表性，对豫西黄土丘陵沟壑区内的其他县编制相关规划及政策制定有一定的影响，因此本书引用卢氏县相关数据进行分析。）

三门峡卢氏县新型农村社区建设土地节约核算表 　　表3-1

乡镇名称	现状村庄建设用地（hm²）	规划2030年新型农村社区建设用地（hm²）	节约建设用地（hm²）
城关镇	95.8	24.7	71.1
官道口镇	328.8	99.3	229.5
杜关镇	244.2	101.1	143.1
东明镇	404.8	134.7	270.1
范里镇	611.9	209.7	402.2
官坡镇	396.0	147.5	248.5
五里川镇	171.9	94	77.9
朱阳关镇	333.3	83.6	249.7
双龙湾镇	188.6	77.2	111.4
文峪乡	301.9	146.4	155.5
横涧乡	579.0	165.8	413.2
沙河乡	219.0	96.7	122.3
徐家湾乡	143.2	45.3	97.9
潘河乡	214.9	63.5	151.4
木桐乡	121.8	41.0	80.8
双槐树乡	187.1	63.9	123.2
汤河乡	159.6	59.2	100.4
瓦窑沟乡	197.8	80.7	117.1
狮子坪乡	117.9	59	58.9
合计	5017.5	1793.3	3224.2

3.1.2 国家生态安全战略导引下的景观格局变化

我国正处在城镇化、工业化以及现代化发展的关键时期，其快速的发展所带来的是资源的过度消耗、环境的严重污染以及生态系统的严重破坏，我国的可持续发展面临着严峻的挑战。国家在战略层面提出的"国家生态安全红线"是继18亿亩耕地红线之后，又一条关乎国家安全的"生命底线"。

（1）国家生态安全的重要意义

生态保护红线是指在自然生态服务功能、环境质量安全、自然资源利用等方面，需要实行严格保护的空间边界与管理限值，以维护国家和区域生态安全及经济社会可持续发展，保障人民群众健康。划定生态保护红线，对维护国家生态安全、保障人民生产生活条件、增强国家可持续发展能力具有重大现实意义和深远历史影响。划定生态保护红线是维护国家生态安全的需要。据研究，建设用地增加率是城镇化水平提高率的1.56倍，城镇人口人均能耗是农村人口的1.54倍。有研究表明，我国土地资源合理承载力仅为11.5亿人，现已超载约两亿，我国已有600多个县突破了联合国粮农组织确定的人均耕地面积0.8亩的警戒线。划定生态保护红线，引导人口分布、经济布局与资源环境承载能力相适应，促进各类资源集约节约利用，对于增强我国经济社会可持续发展的生态支持能力具有极为重要的意义。[①]

国家划定生态安全保护红线的实质就是要确定我国的生态安全底线，通过建立严格的生态安全保障体系，促进社会经济效益与生态效益的协调统一发展。生态安全保护红线分为：禁止开发红线、生态功能区红线、生态敏感区红线以及生态脆弱区红线四类，被划入其中的区域禁止或者有限度地进行开发建设，从而有效地保障我国生态系统的可持续发展，为人居环境的可持续建设与发展提供强有力的生态保障与生态支撑。

（2）豫西黄土丘陵沟壑区的景观格局变化

豫西黄土丘陵沟壑区以农业生产为主体，农业生产景观在其景观格局中占有非常大的比重。近20年内随着社会经济的发展，研究区域内的景观空间在保证农业生产土地面积的前提下，土地利用类型和利用方式发生了不同程度的变化，其中生态林地面积的减小和城镇建设用地面积的增加较为显著。通过文献数据梳理，发现近20年来研究区域内的生态林地主要集中在山区和丘陵沟壑地带，区域内相对平坦的塬区或城镇建设地区由于人为因素的干扰，景观均质化现象较为明显，加之城镇化的无序发展使得该区域内短期内出现大量的土方工程，建筑面积大量增加，大大降低了区域内的景观连通度，景观破碎化现象严重。因此，豫西黄土丘陵沟壑区内的建设用地与生态用地急需合理化布局，提高区域内的景观功能流通，从而保证豫西黄土丘陵沟壑区内的生态系统稳定以及生态安全（表3-2）。

豫西黄河流域土地利用类型统计　　表3-2

景观类型	斑块数目（个）	斑块面积（hm²）		总面积（hm²）	面积比重（%）
		平均面积	最大面积		
水田	101	1223.07	35861.1	123530	3.21
旱地	4581	288.31	31933.3	1320760	34.29
水浇地	68	6709.09	15089.4	456219	11.85
有林地	388	2552.24	526830	990270	25.71

① 李干杰. "生态保护红线"——确保国家生态安全的生命线［J］. 求是，2014（02）.

续表

景观类型	斑块数目（个）	斑块面积（hm²）		总面积（hm²）	面积比重（%）
		平均面积	最大面积		
灌木林	1061	90.38	5377.95	95888.40	2.49
稀疏林地	804	68.97	1108.44	55453.90	1.44
果园	478	40.35	711.63	19286.90	0.50
高覆盖度草地	2913	123.30	47703.5	359164	9.33
中覆盖度草地	804	104.53	8768.07	84040.80	2.18
低覆盖度草地	126	69.64	890.64	8775.09	0.23
水域	491	92.76	17752.2	45545.10	1.18
城镇景观	32	1699.34	16391.3	54378.90	1.41
农村居民地	7641	22.64	1940.94	172965	4.49
其他建设用地	259	62.98	1433.52	16310.30	0.42
未利用地	33	30.14	141.21	994.50	0.03
湿地	363	131.26	6940.44	47647.90	1.24

3.1.3 现代农业土地流转需求下的乡村集约发展

1. 现代农业的特征与实现途径

现代农业的概念是相对于传统农业提出的。依据人类生产力水平发展的历史进程，通常我们把农业划分为原始农业、传统农业以及现代农业三个发展阶段。所谓现代农业就是指充分利用现代工业力量装备的、用现代科学技术武装的、以现代管理方式经营的、生产效率达到世界先进水平的农业产业，科学化、集约化、商品化以及市场化是现代农业的四大主要特征。

依据发达国家的农业发展经验来看，实现现代农业的过程包括两个方面：首先是物质条件和技术装备的现代化；其次，就是通过现代的经营管理理念以及土地流转形成规模化、集约化以及企业化的生产经营模式。随着我国农业生产力的进步与发展，发展现代农业是大势所趋，加之"迁村并点""合村建镇"等城镇化建设的深入，给现代农业的发展提供了土地空间平台，原本分散且以自主经营为主的农民逐渐脱离了原本自给自足的小农经济模式，转型成为技术型的农业产业工人。由此可见，我国当前的农业产业生产方式正在面临着全面的转型，这种转型不是积累性的量变，而是结构性的质变。

2. 现代农业导向下的乡村发展

土地的流转给农村产业结构的调整以及城乡经济的互动带来了巨大的发展机遇。国家的文件中多次提出，鼓励和支持我国传统农业由承包向家庭农场、专业大户以及农民经济合作社方向转变，鼓励发展多种形式的规模化农业生产经营。在国家政策的扶持下，传统粗放式分散经营的小农经营模式格局将被打破，连片集约、规模经营的模式应运而生。土地资源规模化以及资本化的需求通过土地流转的形式变成了现实，这样就极大地有助于龙头企业、生产大户等优势机构或个人组织农业生产，建立高效的农业生产模式，改变传统的小农式农业生产状态，逐步将原本分散、粗放的农业生产方式过渡为规模化、现代化的生产经营模式。现代农业的发展将直接改变乡村地区空间结构的发展模式以及用地功能的布局。农业的转型必然推动农村产业多元化发展，促进了农村形成第一产业、第二产业、第三产业并存的经济结构，与之相应的农村地区景观环境建设需求与建设方式也将随之发生着潜移默化的转变。

3. 研究区域的农业产业现实

豫西黄土丘陵沟壑区沟壑纵横，地势高差变化大，不利于机械化的农业耕作，加之这里交通闭塞，灌溉不便，使得这里自古以来就贫困落后。随着土地流转及现代农业发展需求的进一步深化，豫西黄土丘陵沟壑区的乡村在原有的农业生产的基础上通过土地流转逐步发展集约化种植，这样不仅有助于该区域土地整合，还能够为当地的居民带来一定的经济收入。本研究通过对地处豫西地区的三门峡市卢氏县范里镇进行的相关调研中了解到：卢氏县域可利用的土地资源不充裕，随着未来城镇化的发展，新型农村社区的建设与城镇建设用地增加将是必然趋势，但其增量与存量和供应存在严重的矛盾，土地问题已经成为制约该区域城镇化发展的突出问题。卢氏县矿产资源丰富，目前已发现非金属、有色金属、稀有金属、黑色金属等矿产52种，例如铁矿、铅锌矿、铜矿、锑矿、钼矿、大理石等。矿产资源已成为卢氏县发展的主要支撑条件。卢氏县山川秀美、历史悠久、文化灿烂，旅游资源极其丰富。随着旅游资源的不断开发利用，这个朝阳产业将为卢氏发展贡献更大的力量。[1]

近年来，卢氏县在稳定粮食生产的同时与烟草公司合作，扩大土地流转力度，由烟草公布公司提供资金和烘烤设施，大量种植烟叶，面积约12万亩，年产值近年来基本保持在2.5亿左右；卢氏县利用山地丘陵的种植优势，集约种植核桃约40万亩左右，除此之外，还充分利用废弃的窑洞发展集约化畜牧养殖与食用菌种植（图3-1，图3-2）。

---

[1] 《三门峡卢氏县村庄布局规划（2012～2030）》，三门峡市规划勘察设计研究院。

（a）卢氏县规模化烟草种植　　　　　　　（b）规模化蔬菜种植

（c）烟草烘烤房　　　　　　　　　　　（d）烟草种植设施

图3-1　卢氏县规模化农业生产景观

图3-2　卢氏县自然景观

3.2 现代生活新需求影响下的乡村景观转型

3.2.1 基层乡村环境的逐步衰落

　　黄土高原厚重的黄土孕育了这里独特的乡村景观，尽管黄土丘陵沟壑区地形复杂多变，但是这里的土地是可耕种的土地，只要土地可以耕种，人就可以通过劳动解决基本的生存问题，就会有人定居生活，这样逐步地就形成了基于独特自然地貌下的聚落形态与乡村景观。近年来，随着社会经济的发展以及城市生活方式的吸引，豫西黄土丘陵沟壑区内青壮年劳动力大量外流，尤其是在近20年中基层乡村的人口数量骤减。

　　以笔者调研的三门峡市湖滨区高庙乡为例，乡政府驻地是该乡主要的人口聚集区。基层村落中的青壮年劳动力基本外出打工，待经济条件相对成熟后会举家搬迁至乡政府驻地或三门峡市区生活。这种自发式的人口外流，使得原本就闭塞的基层乡村更加萧条，尽管宅基还在，但是多数已经无人居住，留在原村的基本上都是年龄大的村民，其生存来源依旧是最传统的农业耕种。除此之外，还有一些居民，尽管已经搬迁至三门峡市区或乡镇政府驻地，但是依旧利用原来居住的窑洞宅院进行畜牧养殖。笔者通过与其中一位绵羊养殖户的访谈中了解到，近年来养殖利润呈上升趋势，其养殖绵羊年毛利润可达20万元。由于养殖产业的介入以及优势人群资源的流失，高庙乡基层村落原本的生活景观逐步被生产景观所代替，但是由于交通闭塞以及缺乏系统的管理，这些基层村落的环境情况呈现出无人问津的状态，脏、乱、差现象明显（图3-3）。

　　除此之外，笔者还走访了位于河南省灵宝市的杨公寨古村。该古村位于独立的黄土梁顶，四周为悬崖沟壑，如同黄土梁上的一座灯塔，孤独地伫立在梁上，易守难攻，防御性极强，只有一条黄土梁上的由砖石铺就的窄道通向古村大门。这里除了两户人家还居于此外，其余的居民均已搬迁至灵宝市区或在周边交通便利的平坦地方选址另建房屋。杨公寨古村内聚落街巷空间关系明确，古民居建筑保存完好，砖木装饰精致细腻，尽管内部现状环境凋零萧条，但是仍能清晰地感受到这里曾经的辉煌（图3-4）。

（a）废弃的窑洞 　　　　　　　　　　　　　　　（b）庭院

（c）传统生产景象 　　　　　　　　　　　　　（d）废弃窑洞改造的养殖场

图3-3　高庙乡基层村景观现状

（a）杨公寨古村与外围环境

（b）寨门　　　　（c）窄路　　　　（d）街巷　　　　（e）建筑

图3-4　杨公寨古村环境景观现状

3.2.2　现代生活设施的需求现实

1. 外部环境的诱发

伴随着社会经济水平的不断提高，农村与城市的交流逐渐增强，农村家庭希望享有和城市中一样完善的基础设施、便捷的服务设施以及高水平的教育资源，这些需求使得农村生活非农化现象逐渐增多。这些现代的生活需求潜移默化地提升了农村家庭在生活内容、生活质量以及空间品质上的要求。同时，随着现代生活娱乐设施、科教文卫设施以及其他的公共服务设施逐步引入乡村地区，聚落的公共空间形态功能也随之发生了明显的变化。因此，豫西黄土沟壑区居民现代化的生活需求直接催化了区域内乡村聚落的转型以及景观环境的发展与更新（图3-5）。

图3-5　高庙乡排水设施现状

2. 空间功能的转变

现代的生活方式需要现代的生活空间与之匹配。因此，大量的现代基础设施建设以及公共服务设施配套是该区域新型乡村聚落建设的重要内容，这就使得聚落公共空间环境功能也随之转变（表3-3）。同时，为满足豫西黄土丘陵沟壑区内乡村居民的现代生活需求，如：通信、自来水、天然气、机动车交通等，新型乡村聚落的建筑形式也会根据功能需求的转变而转变，进而聚落的整体风貌也会随之改变。因此，空间功能的转变也是该区域内乡村聚落转型以及环境景观更新发展的催化剂。

3. 生产结构的转型

豫西黄土丘陵沟壑区的农业生产正在由传统的小农经济逐步调整向现代农业转型，本书研究区域内的聚落在保证粮食生产的前提下，正逐步扩大例如花椒、烟草等经济性农作物的种植面积。基于土地流转的趋势以及龙头企业的带动，其生产方式也随着产业结构的调整而发生着变化，规模化的农业生产是豫西黄土丘陵沟壑区乡村转型的驱动因素之一，生产方式的转变也直接影响到聚落空间结构及环境景观的转变，例如其农业基础设施建设正是聚落环境景观建设内容的重要组成部分。

三门峡高庙乡基础设施需求意愿调查表　　　　表3-3

序号	单位	问卷户数	关注的公服设施				关注的基础设施		
			医院	银行	网络	采暖	给水	排水	交通
1	大安村	297	245	16	210	19	52	6	187
2	小安村	622	397	45	260	90	90	6	301
3	穴仓村	335	289	70	199	20	31	2	256
4	羊虎山	269	60	10	41	9	2	—	58
5	黄底	237	52	16	34	2	2	—	50
6	王家岭	242	72	4	62	6	6	—	66
7	候村	374	197	11	140	46	37	—	160
8	李家坡	367	317	132	113	72	98	6	213
9	位家沟	279	170	87	61	22	13	—	157
10	政府驻地	115	79	—	99	100	25	110	74
	合计	3137	1878	391	1219	386	356	124	1522
	百分比（%）		59.6	12.5	32.6	12.3	11.3	4.0	48.5

3.2.3 现代出行方式的更新发展

　　豫西黄土丘陵沟壑区内落后的交通条件是导致该区域内基层乡村闭塞落后的主要原因之一。随着城市交通网络的对外扩展与延伸，乡村地区被纳入到整个区域发展的交通网络当中，使得城乡之间得以有效连接，促进了城乡人口、资源、经济之间的互动与互补。随着豫西黄土丘陵沟壑区乡村居民经济水平及收入的逐步提高，大部分的家庭已经购置了摩托车作为主要的出行交通工具，有些相对富裕的家庭甚至购置了小汽车，摩托化与汽车化交通出行方式越来越普及。机动化出行方式的普及必然引发乡村内部道路系统的更新，例如道路宽度、道路转角、道路坡度、路面材质、人行道设置、停车场配置、行道树栽植等方面必须满足车行交通的基本需求，其最终呈现出的景观状态也与传统聚落中的交通景观形态差异较大（图3-6）。

（a）农村硬化的车行路面

（b）农村户前停车

（c）农村社区环境养护车辆

（d）农村现代的行道景观

图3-6　张壁村新型农村社区交通景观

3.3　城镇休闲新需求驱动下的乡村景观附庸

3.3.1　农家乐休闲旅游的发展趋势

  城市生活压力增大及环境质量恶化，使得越来越多的城市人希望在空闲时间走出城市亲近自然，加之"慢生活理念"的影响，乡村田园牧歌式的生活越来越被城市人所青睐，乡村休闲娱乐也逐渐成了城市快速生活的平衡点。因此，越来越多的乡村成了城市休闲生活的"后花园"，乡村服务于城市的第三产业比重不断增加。纵观世界上的发达国家，特别是以旅游业为主的发达国家，乡村生活体验是其旅游业发展的重要组成部分。自我们国家实行"黄金周假期"的政策以来，"农家乐"的发展骤然升温，以河南省平顶山市鲁山县为例：据不完全统计，鲁山县有400多户"农家乐"，有的已经发展到相当大的经营规模，形成了集吃、住、玩为一体的旅游服务体系。在全县农家乐经营户中，硬件设施稍好的每月可接待客人几百人次，周末、节假日高峰期，每天接待人数更多，按照平均每人（次）20元消费计算，每户每月营业收入可达2000～5000元，普通农户每月营业收入也在2000元左右，这对普通农民家庭来讲是一笔可观的收入，更是传统耕作收入所无法相比的，同时还缓解了当地部分劳动力就业问题。[①]

3.3.2 新型乡村聚落景观现实考察

1. 政府的理想示范——张庄社区

随着乡村旅游的发展，新型农村社区的建设为了迎合城市消费人群需求，开始逐步追求现代化的建设形式。通过政府及专业设计单位的介入，统筹自建是目前新型农村社区的主要建设形式。位于河南省舞钢市尹集镇的张庄社区就是这种模式的典型代表。

张庄社区是舞钢市17个中心社区之一，该社区共集约了4个行政村约235户村民，根据规划该社区未来将达到3000~5000人的规模。张庄社区风景优美，统一规划，统筹自建，整体社区环境采用了城市模式进行建设。社区建筑多为二层独立式房院，造型现代，联排布局，分地块形成独立组团。围绕社区内部的公共建筑形成的现代化硬质铺装广场，宽阔笔直的道路，气派的洋房构成了张庄社区现代化的空间景观形象。但是，走进张庄社区，在体会豫西黄土丘陵沟壑区新型乡村聚落空间环境品质飞速提升的同时，又似乎没有找到新建社区与我们传统印象中的农民农田的关系。生硬的公共空间缺乏生活气息，新建的房屋虽现代气派却没有院落氛围，这不仅让人深思，是否新时期的新型乡村聚落环境景观就是单纯地模仿城市景观环境（图3-7）？

2. 新旧分离的典型——张壁社区

山西省介休市的张壁古堡是黄土丘陵沟壑区内著名的历史文化古村。传统的张壁古村是一个军事防御性极强的古堡，目前除了旅游业之外，张壁村仍然是一个黄土丘陵沟壑区典型的以农业生产为主的村落。为了保护张壁古堡，同时大力发展旅游业，当地政府采用新旧分离的方式，独立选址，统一规划，统筹建设，重新建设张壁新村——张壁新型农村社区，将多数村民整合搬入新村。与张庄社区相似的是，张壁新型农村社区的建设同样采取了城市居住小区式的规划模式，空间布局规整，环境景观现代。社区地处黄土丘陵沟壑区腹地，基于地貌高差多变的现实，社区依托地势共分为上下两个空间场地，两个场地高差约10m，场地分界处用挡土墙进行空间加固。为加强场地联系，社区修建了一条外围的车行主环路，将上下两个场地联系在一起，同时还依托主环路形成数条分支道路对接建筑宅院。社区围绕公共建筑设置了以硬质铺装为主的中心广场，广场上布置有居民体育活动设施。居住建筑围绕中心广场进行布置，建筑形式主要分为二层楼房和六层住宅板楼两种，其

---

① 《中国农家乐的发展现状及趋势分析》.

（a）景观小品　　　　　　　　（b）中心广场

（c）街边绿化　　　　　　　　（d）社区道路

（e）公共绿地　　　　　　　　（f）停车空间

（g）宅间空间　　　　　　　　（h）公共建筑组合

（i）公共建筑立面　　　　　　（j）民居组合

图3-7　张庄社区景观现状

中二层楼房集中布置在上层场地,六层住宅板楼集中布置在下层场地,两个场地之间营造有软质景观,软化了高差界面,同时建设有步行交通系统,辅助社区主环路,加强了上下两个场地之间的联系(图3-8)。

3. 土地流转背景下的住宅转型——九龙山社区

新型城镇化发展的目的是促进我国社会的和谐发展,其最直接的表现就是通过土地流转合理地优化与配置城乡土地资源。随着我国城镇化进程的加快,乡村地区的土地如何合理化利用成了我们不可回避的问题。目前,我国多数地区的做法是将农民向城镇集中,通过新型农村社区的建设改变传统乡村自筹自建就近耕作的散乱、粗放的生产生活模式,将集约的土地整合,大力发展现代农业和其他经济产

(a)老村入口	(b)新村入口	(c)老村公共空间
(d)新村中心广场	(e)老村街巷	(f)新村道路
(g)老村景观小品	(h)新村景观小品	(i)老村绿化
(j)新村绿化	(k)老村建筑	(l)新村建筑

图3-8 张壁社区新旧村景观对比

业，有效地提高乡村土地利用率，从而提高农民的经济收入。这种方式是实现提高乡村生活质量，节地省地的重要途径，对我国城镇化的发展有着重要的意义。生产生活方式的转变也就意味着新型乡村聚落建筑与景观空间系统的转型与更新。时代在变，农民的居住生活要求也越来越高，与之相应的建筑系统也在潜移默化地更新。建筑是聚落中最主要的空间构成元素，其功能、形式的更新与变化直接影响着新型乡村聚落最终呈现出的整体景观形象（图3-9）。

（a）社区鸟瞰图　　　　　　　　　　（b）韩陵广场

（c）广场景观构筑物　　　　　　　　（d）广场绿化

（e）建设中的入口广场　　　　　　（f）建设中的社区建筑与景观

（g）建设中的社区集约化住宅　　　（h）参与社区景观建设的居民

图3-9　九龙山社区建设实景

3.4 朴素意识形态下的传统聚落景观与当下建设现实的博弈

3.4.1 "缓慢发展"与"快速集约"

中国农耕历史悠长，农耕文化在我国有着非常深厚的底蕴。尽管当下我国城镇化速进程正在加快，城镇化指标也逐年直线上升，但我国大部分的人口仍然聚集在乡村，乡村的人居环境发展无疑是我国人居环境发展的重点。传统的乡村聚落建设是本地居民自发组织的乡村建设活动，其建设内容根据自身生活的需求逐步完善，建设周期长并非一蹴而就，呈现出"缓慢发展，逐步完善"的基本特征。随着社会的发展以及生产力的进步，农村地区传统的小农经济和粗放式的生产模式已经不能适应时代发展的要求，乡村居民同样希望和城市居民一样能享受现代化的基础设施、公共服务设施以及教育资源所带来的便利。但是，基于我国的发展现实，将现代化设施全面覆盖到全国所有乡村中是不现实的。因此，集约化的乡村建设应时而生，乡村发展也面临着时代的转型。现代化的集约建设是一个快速建设的过程，统一的规划，统一的建设使得新建的乡村聚落呈现出非常明显的秩序性与统一性，但是整齐划一的水泥路面街道，样式统一的"兵营式"建筑，土洋结合的生硬广场，使人再也感受不到乡村本应展现出的景观趣味。

3.4.2 "家园美化"与"景观规划"

长期以来，面对环境建设，我们一直在试图回答"为谁建""谁来建"和"怎么建"这三个基本问题，在乡村景观建设中亦是如此。这三个看似简单的问题，却从对象、机制以及方法三个层面反映了不同社会背景及意识形态下乡村景观环境建设的差异性。

（1）"为谁建"：关于受众对象

"为谁建"这是一个关于受众对象的问题。在朴素的意识形态下，乡村的景观环境建设应该是自家人的事或者说是一个聚落的事，其建设目的就是为了改善或者保证当地居民的生产生活安全，其建设受益对象一般来说都是小范围的当地居民或者几个聚落的居民。近年来，乡村的发展直接关乎到了社会的稳定与国家的生态安全，随着社会经济的不断发展，当前乡村建设的受众对象已经逐步地超出了传统意义上的小范围居民或聚落。

（2）"谁来建"：关于建设机制

"谁来建"是一个建设机制的问题。基于我国千百年来农耕文明的积淀以及传统思想的影响，我国乡村聚落的建设一般都由居民根据自身生产生活的需求自发建设，是一种自发状态下的自主营建机制。在自然地理与社会生产力的双重约束下，这种传统的自发建设机制是在能动改造自然与被动使用自然过程中逐步纠错的建设机制，也是千百年来我国乡村建设的基本建设机制。当前，随着城镇化的发展以及外部性、现代性因素日益向乡村社会渗透，黄土丘陵沟壑区星罗棋布的传统乡村也随之发生了重大变化，原本自然缓慢发展的乡村已无法满足城镇化高速发展的时代步伐。根据当前的发展需求，统筹统建、统筹自建、自筹自建这三种形式是目前最基本的建设机制。一般来说，统筹统建多是政府或投资方整体主导建设，居民一般不介入或很少介入，这种类型的建设多为政府或当地的样板工程。统筹自建主要是政府统一规划，但由村民自己筹资建设。自筹自建一般由当地乡镇政府负责，自行联系专业规划设计单位筹款建设。

（3）"怎么建"：关于建设方法

"怎么建"是一个建设方法问题。传统的乡村聚落是本地居民根据自身需求逐步建设的，这种自主营建建设周期长，但是却反映出了乡村景观的朴素与真实，生存的艺术也通过这种方式生动地展示出来。举个简单的例子，传统乡村中居民有着充分的自由度对自家的房前屋后或者院落进行美化，或是种植葡萄来美化环境，或是种植爬墙虎或者牵牛花来美化环境，居民总是根据自身的喜好或者需求来满足其自身的审美需求，这种朴素意识形态下的建设方式方法，展现出了乡村景观独特的气质。与之相反的，当下由政府主导的集约化乡村建设，虽在一定程度上促进了城镇化的发展，但是整齐划一的建设方式却表现出与乡村环境的不适宜性。因此，如何在两种建设方式中间找到均衡点，使新型乡村聚落中的居民既能接近土地，又能满足现代生活的需求是我们解决乡村景观环境建设问题的关键。

3.4.3 "生活实用"与"理性设计"

朴素意识形态下的乡村景观，不是为了营建景观而建设的，传统聚落所展现的景观之美是一种基于生存需求所呈现的生活魅力。聚落中的建设活动均有其明确的功能性和实用性，景观之美正是在这种功能实用的基础上所自然流露的，这种有目的的建设方式，正是传统乡村聚落建设的平衡点。在现实中，当前的聚落环境景观建设却又往往需要追求资源利益的最大化和最优化，规划制定者或者建设管理者在面对"鱼和熊掌"这个基本的问题，总是希望通过理性的景观规划设计尽可能在"鱼"和"熊掌"之间建立某种函数关系，有理有据地提出一个乡村建设最优化的解决方案，从而使得乡村环境达到一种生态最适的"人–地"关系状态。但是，乡村的景观环境存在着许多潜在的复杂性与局限性，完全理性的规划决策很难解决当前的乡村景观问题，这也是许多在图面上看起来很科学的乡村景观建设规划，水土不服、无法落地的原因。所以，面对乡村景观环境建设，完全理性的规划和准确无误的设计是难以实现的，这就决定了乡村景观建设规划是一个动态发展的过程，而并不仅仅是我们呈现的规划设计成果蓝图。换而言之，乡村景观规划是在满足乡村生活的基础上创造性地去引导乡村适应自然的演变与社会的发展，而不是简单地去满足几个发展数据指标或者设计理念。因此，"生活实用"与"理性设计"之间的博弈并不是简单地孰对孰错，作为专业的规划设计人员，应在这场博弈中寻求"平衡点"，使得乡村景观建设的各方利益达到某种安全水平，这才是解决乡村景观发展问题的关键。

豫西黄土丘陵沟壑区新型乡村聚落景观要素梳理

　　乡村聚落景观是乡村人居活动与自然条件相互影响、共同作用下，用以满足生产、生活以及生态需求的复合产物。新时期，传统乡村聚落向新型乡村聚落转型是历史发展的必然。我们需要回到原点，从乡村聚落景观的构成要素入手，探讨新型城镇化背景下乡村聚落景观的构成要素，并有针对性地提出相应的设计策略，为新时期豫西黄土丘陵沟壑区乡村聚落景观的转型与发展注入新的活力。

4.1　新型乡村聚落景观的基本构成

4.1.1　新型乡村聚落的自然景观

　　自然环境是乡村聚落景观生存发展的基础，其各类要素共同构成了人类行为活动的主要空间载体，这其中包括：地形地貌、气候、水位土壤、动植物等。当前，由于乡村地区未经开发的自然景观已经非常有限，因此，本研究所指的自然景观是指新型乡村聚落所在地的自然环境。

4.1.2　新型乡村聚落的人文景观

乡村聚落的人文景观是乡村聚落景观的重要组成部分。地理学将人文景观分为物质和非物质两大类。物质类的人文景观是指可以被人类身体感受到的有型的物质要素，例如：聚落、建筑、服装、街巷、植物等。非物质类的人文景观则通过思想意识、生活习俗、审美倾向等方式展现。新型乡村聚落的人文景观是人类利用自然，改造自然以及顺应自然的景观表现。因此，人文景观可以理解为是自然景观的延伸，同时与自然景观相互依存，相辅相成，彼此不可分割。

4.1.3　新型乡村聚落的生产景观

乡村聚落的生根发芽离不开农业生产，从严格意义上来讲，乡村聚落的生产景观也应是乡村聚落人文景观的表现形式之一。但是，乡村聚落的生产景观也有着自己的特殊性，且由农业生产活动形成的农业生产景象以及相应的工程构筑物构成的大地景观对乡村聚落的景观构成起着重要的作用。因此，本研究将其独立出来进行单独解读。

乡村生产性景观的外表反映了基本的社会环境状况。从世界范围看，乡村聚落的生产大体上经历了原始农业、传统农业和现代农业3个阶段，但不同地区的发展由于历史、地理等条件的不同而有所差异，所以呈现出来的生产景观特征也不断变化。现代农业与传统的自给自足的生计农业不同。它的产品不是以供给自己消费为主要目的，而是作为商品进入市场以获得利润为目的。所以，现代农业也称为商业农业。它着重依靠的是机械、化肥、农药和水利灌溉等技术，是由工业部门提供大量物质和能源的农业。[①]

4.1.4　新型乡村聚落景观的三元特征

生态本底是乡村聚落建设与发展的空间基础。与传统聚落不同的是，新型乡村聚落的建设发展多是非自发的，随着规模化农业生产的逐步推广，现代化生产模式的介入以及新产业类型的推广会更加有效地对土地进行生产控制管理。生产模式的转变与生活需求的转变是相辅相成的，居民现代化的生活需求，必定会导致聚落空间功能的复合化，这种趋势导致新型乡村聚落景观表现有了新的可能。同时，生产模式的转型反过来又会反哺聚落居民的收入，满足生活需求。基于人类聚居环境学"三元论"理解，新型乡村聚落的景观的自然（生态）、产业（生产）、风貌（生活）三个方面共同构成了新型乡村聚落景观的"三元"，即：生态为本底，生产、生活交叉共生。

---

① 张晋石. 乡村景观在风景园林规划与设计中的意义［D］. 北京：北京林业大学，2006.

4.2 新型乡村聚落景观中的自然要素

4.2.1 气候要素的提取与表达

1. 气候要素的提取

气候要素具有不可变更与不可复制的特点,与乡村景观之间有着不可分割的关联。防治或减轻气候对生存带来的危害是人类营建聚落重要原因之一。在不同地域,人们在营建的过程中逐步地总结出了适合本地气候特点的营建模式,世代沿袭、传承、演绎,演变成一种约定俗成的营建规则(图4-1)。

气候要素与其他要素特征不同的是,气候要素看不见摸不着,只能通过身体的感知以及外界环境的视觉变化而体现。但是,气候要素对聚落环境又是非常重要的影响因子,所以针对豫西黄土丘陵沟壑区的特征,笔者从选址、营建、植被以及生活等方面对其进行客观分析并总结出豫西黄土丘陵沟壑区气候要素与聚落景观营建之间的内在关系(图4-2)。

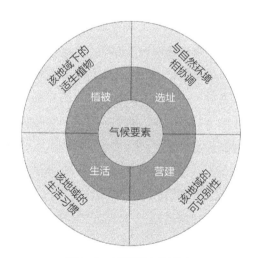

图4-1 气候要素的影响

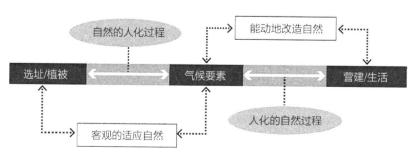

图4-2 气候要素的研究关系图

2. 气候要素的表达

（1）选址与营建

豫西黄土丘陵沟壑区四季分明，春季温度多变常跳跃式上升，夏季炎热，降雨相对集中，秋季天气阴凉，只有少量降雨，冬季寒冷并伴有雨雪，冬季主导风向为东北风，夏季偏南风较多。在气候的影响下，豫西黄土丘陵沟壑区内的乡村聚落的选址一般主要为以下两种类型：

类型一：地坑院型。地坑院型聚落一般多选址于黄土塬面。塬面周边沟壑纵横利于泄洪，塬面则可直接接受阳光照射，有利于保持土壤的干燥与坚固，能增加窑洞建筑的耐用性，同时利于开展规模化的农业生产活动。地坑院建筑有利于建筑的保温隔热，冬天气温一般能够保持在11℃左右，夏季气温一般能够保持在20℃左右，热舒适性高，建筑隐于地下也有效地避免了冬季风沙对人们生活的影响。

类型二：丘陵山地型。丘陵山地型聚落一般选址于丘陵沟壑的中部位置，面沟向阳是此类型聚落的共同特点。此类型选址既可避免山体滑坡及洪水带来的危险，又有利于聚落的排水。聚落中的窑洞室内冬暖夏凉，同时丘陵山体也是聚落抵御严寒的一道自然屏障。聚落在丘陵顶部多进行农业生产，利用作物根系的固土功能，进一步降低水土流失给处于中部生活区域带来的威胁。同时，夏季丘陵顶部因受太阳辐射温度较高，其与沟壑之间的温差较大，由于热压作用，沟壑中的冷空气逐渐上升与上部的热空气进行中和，从而可使整个聚落处于一个热舒适度适中的环境当中。（图4-3）

（2）植被分布

豫西黄土丘陵沟壑区地形复杂，是多种植物区系的交汇地，其中包含了：华北植物区系、西北植物区系、东北植物区系等，其中以华北植物区系为主要类型，其覆盖率达到了约25.5%。豫西黄土丘陵沟壑区的植被以落叶阔叶林带为主，其表现

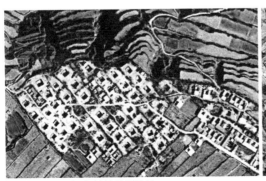 

（a）地坑院型选址　　　　　　　　　　（b）丘陵山地型选址

图4-3　乡村聚落的选址类型

为冬季落叶、夏季葱绿,也称之为夏绿林。研究区域内落叶阔叶林的植物结构相对简单,可以明显地分为乔木层、灌木层和草本层三个层级。

3. 生活与习俗

豫西黄土丘陵沟壑区独特的自然气候孕育了这里独特的生活习俗,居民的生活随着季节的更替应时而变,形成了独特的人文风景。例如,在冬季,天气寒冷,居民会在窑洞内烧炕取暖,其活动则围绕"火炕"展开;在夏季,由于偏南风居多,院落一般南向开门,室外的清新空气可直接吹进院中,气候宜人,居民则一般多在院落中活动。

由于豫西黄土丘陵沟壑区降雨集中但雨量较小,气候干燥寒冷,故民间饮食多喜炖菜来驱寒避冷,且味道偏香辣咸酸,如具有豫西地坑院特色的"八大碗"或"十大碗"。

这些由气候特征而映射出的景观意向,为我们在豫西黄土丘陵沟壑区新型乡村聚落景观的规划设计与营建提供了丰富的设计素材。(图4-4,表4-1)

（a）春季　　　　　　　　　　　　　　　（b）夏季

（c）秋季　　　　　　　　　　　　　　　（d）冬季

图4-4　豫西黄土丘陵沟壑区四季大地景象

气候要素的提取与表达分析表 表4-1

名称	要素表达	特征	空间意向
气候要素	选址与营建	地坑院型 "塬"顶	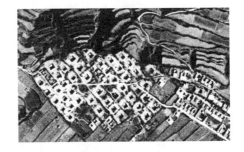
		丘陵山地型 丘陵山体中部	
	植被分布	暖温带落叶阔叶林区,地形较为复杂,是多种植物区系的交汇地,其表现为冬季落叶、夏季葱绿	
	生活与习俗	冬季围"炕"活动,夏季多院落生活,饮食与时令相关,味道偏香辣咸酸	

4.2.2 地貌要素的提取与表达

1. 地貌要素的概述

"地貌"即大地的外观形态，是地球表面各种形态的总称，也可以简单理解为"地形"。我们通常将地形分为大地形，小地形和微地形。其中，大地形是在国土范围内通过海拔高度的不同来界定，包括山地（低山500～1000m，中山1000～3500m，高山3500～5000m，极高山大于5000m）、平原（200m以下）、盆地（多分布在多山地表处，呈现中间低四周高的盆状形态特征）、丘陵（海拔低于500m，相对高差不大于200m的高低起伏的低矮山丘）、高原（海拔大于1000m，同时比周边低地高500m以上的大面积平坦地带）。小地形是指地理范围相对较小，针对一定区域的包含各种地形形态且起伏程度较低的地形形态。微地形主要是指人类聚居环境中的地形形状，例如，小区地形、公园地形等，微地形概念广泛应用于风景园林以及室内外环境设计领域。

地貌是环境设计及空间塑造的最基础的条件，具有重要的研究价值。地貌要素的设计是其他要素设计的基础，特定环境下地貌的变化就意味着空间形态、外部轮廓等一系列景观表现的变化，甚至影响到空间的功能布局。因此，地貌要素也可以被认为是构成风景园林规划设计的本底结构要素，其作用如同人体的骨骼，起到了基础平台的作用。因此，研究区域新型乡村聚落场地形态的设计，应该是在豫西黄土丘陵沟壑区新型乡村聚落景观规划的第一步，其他要素可以被看作是地貌要素上的叠加要素。

2. 地貌要素的类型提取

豫西黄土丘陵沟壑区的地貌总体属于黄土丘陵沟壑区地貌，可以总结为如下八种类型：山丘型、山岗型、山嘴型、山坳型、坪垲型、夹谷型、盆地型、山埂型，其中山丘型、山岗型、坪垲型、山埂型选址最为常见。（表4-2）

豫西黄土丘陵沟壑区地貌类型表　　　　　　　　　表4-2

类型	特点	地貌平断面简图	地貌透视图	选址
山丘型	局部隆起			常见

类型	特点	地貌平断面简图	地貌透视图	选址
山岗型	条形隆起,顶部称为脊			常见
山嘴型	半岛型三面下坡的突出高地			较少
山坳型	三面上坡围合的地形			较少
坪垲型	山顶及较高地段有大面积平坦用地,山下部分有局部平坦用地			常见
夹谷型	两侧高中间低,两侧为上坡			较少

续表

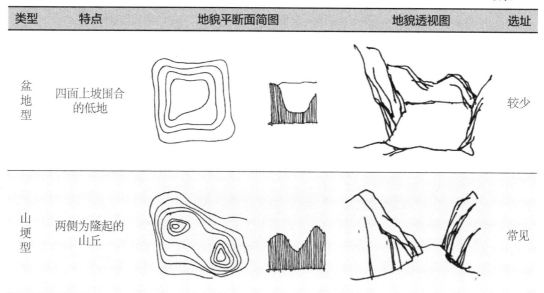

类型	特点	地貌平断面简图		地貌透视图	选址
盆地型	四面上坡围合的低地				较少
山埂型	两侧为隆起的山丘				常见

3. 地貌要素的设计表达

通过高程分析、坡度分析、日照分析以及经济估算等方法，充分结合地形地貌特征，在不改变原有地貌特征的前提下，通过最小的人工干预，以最经济的方法修整出适宜大小的建设用地，注重地貌的功能性塑造，满足乡村聚落的生活生产功能的新要求，是豫西黄土丘陵沟壑区新型乡村聚落地貌要素设计的基本原则。在遵循以上基本原则的前提下，通过地貌肌理的微妙变化，强化地貌的艺术化处理，塑造具有地域特色的，且符合形式美规律的场地景观，是研究区域新型乡村聚落场地设计的根本目标。同时，地貌设计还应考虑种植设计、水体设计等元素的设计需求，为其他要素留有空间（图4-5）。

原有地貌

无视地貌的建设

尊重地貌的建设

图4-5 不同的地貌处理方式

豫西黄土丘陵沟壑区新型乡村聚落的地貌设计可以总结为以下几点原则：

（1）尊重原有土地的地貌特色，尽可能地不破坏原有生态环境，避免为"营建"而"营建"的建设现象出现。

（2）利用地貌创造具有地域特色的、符合形式美规律的地形空间。

（3）在地貌要素的塑造过程中遵循"小中见大、高低错落、虚实结合、欲扬先抑"的处理手法，利用豫西黄土丘陵沟壑区地形地貌高差多变的特点，通过不同视高，营造出具有地域特质的观景效果，提高其艺术审美价值。

（4）地貌设计充分与种植设计、水体设计相结合，充分利用植物和水提高场地的生态性（表4-3，表4-4）。

斜面坡度与景观感官表现比较表　　　　　　　　　　　　表4-3

坡度区间		景观感官表现		
坡度（%）	角度（°）	人的活动	设施	建设
0~10	0~6	坡度适宜平缓，适合各种活动	可以设置坡道或进行无障碍设计	自然危害度低，适宜作为建设用地，须加强场地排水设计
10~20	6~12	适宜坐、望、散步等休憩观赏活动，上下行差异性表现明显	设计人行景观坡道用以联系不同高差的用地，充分利用自然地形丰富空间层次	建设用地利用率较低，须进行局部的土方平整，并进行工事加固
20~30	12~17	不适合人进行剧烈的或大强度的活动，人长时间爬坡或行走会出现呼吸加剧的状况	该区间上限是景观坡道的极限临界点，人行交通由坡道逐渐转换成阶梯式道路，一般车辆无法爬坡通行	建设开发难度较大，须进行土方平整，住宅用地利用率明显降低，树木种植移植相对困难，但是该坡度地貌适宜开垦梯田，发展农业生产
30~40	17~22	不适宜人的一般活动，适合登山或者登高，远眺风景	道路必须设置为阶梯式道路，长时间攀爬人会产生身体不适的症状，呼吸加剧	须进行土方平整，降低高差方可进行建设开发，偶会出现滑坡或泥石流等灾害，须进行工程加固
40~50	22~27	不适宜人的一般活动，人处于登高状态，适合远眺风景	道路必须设置为阶梯式道路，且局部须有扶手。长时间攀爬人会产生身体不适的症状，呼吸加剧	须土方平整，降低高差方可进行建设开发。易出现滑坡或泥石流等灾害，须工程加固，或处理为梯田用于农业生产
50~60	27~31	不适合人活动	道路必须设置扶手及防护措施	须土方平整，降低高差方可进行建设开发。易出现滑坡或泥石流等灾害，须工程加固，不适合农业生产
60~70	31~35	不适合人活动	道路必须设置扶手及防护措施	须土方平整，降低高差方可进行建设开发。极易出现滑坡或泥石流等灾害，须工程加固，不适合农业生产

豫西黄土丘陵沟壑区地貌坡度与建设特征细分表　　　表4-4

类型	坡度（%）	角度（°）	建设特征
平坡度	0~3	0~1.5	建筑与道路布置自由，地面基本无坡度
缓坡地	3~10	1.5~5.5	建筑群落布置基本不受地形的影响
中坡地	10~25	5.5~14	建筑群落布置受地形的影响较小
陡坡地	25~50	14~26.5	建筑群落布置受地形的影响较大
急坡地	50~100	26.5~45	建筑群落布局以及地形须特殊处理
崖坡地	>100	>45	建筑群落布局以及地形须特殊处理，且花费巨大

4.2.3 水体要素的提取与表达

1. 水体要素的概述

水是重要的地景要素之一。水不仅使种植景观得以实现，也使场地氛围变得活跃。因"水"而衍生出的景观类型丰富、形态各异。水体要素流动性的特点赋予了场地和环境生命与灵性。

人有着亲水的本性，设计师们也在努力满足人们的这种需求，这本身是件好事，可是多数结果却令人失望。而如今水资源日益贫乏，如何去营造一个既能满足人们观赏需求的视觉效果又能达到一定设计艺术水准的水景观，成了当前景观设计师们面临的重要问题。单独依靠"水"这个元素来营造的景观，形式比较单一，我们在谈到水景的时候不仅要关注水的形式、水的形态、水的特征，也要关注水的载体和水相关的构筑和水生环境。

豫西黄土丘陵沟壑区水土流失严重，水资源严重缺乏，经过长年累月的岁月冲刷，沟壑成了该区域独有的景观空间廊道，同时也是泄洪排水的自然空间廊道。所以，如何在该区域新型乡村聚落的建设中合理科学地利用水体要素来营造景观也就成了我们必须解决的问题。

2. 水体要素的设计表达

笔者通过调查走访与文献研究，发现并不是水资源丰富的区域才需要水景的精细化设计，反而水资源缺乏的地区在景观营造上更需要对水体要素进行高效率地利用。这样一来，不仅增强了环境的美观性又强化了环境的生态性，同时在景观的维护上也起到了事半功倍的效果。基于豫西黄土丘陵沟壑区的实际情况，笔者在其他研究的基础上梳理总结出如下的两点水体要素设计策略及沟壑水景营建模式：

（1）加强雨水的收集利用，通过地形设计，有效地控制引导落在场地中的雨水，尽量使落入场地的雨水按照设计的坡度流线流入蓄水池或喜水植物居多的地方。

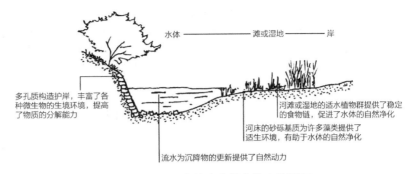

图4-6 具有自然净化能力的水体断面

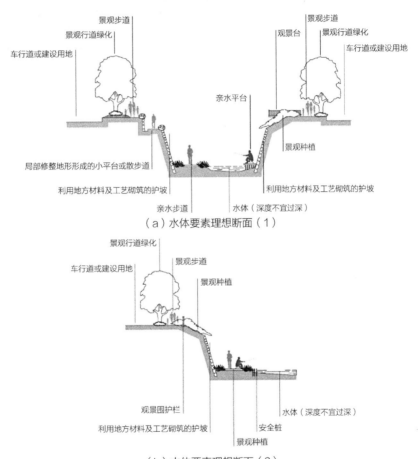

（a）水体要素理想断面（1）

（b）水体要素理想断面（2）

图4-7 水体要素理想断面分析

（2）在地面的设计与处理上尽量地增加软质景观，硬质景观增加透水铺装，减少土壤水分的蒸发，强化水土保持[1]（图4-6、图4-7，表4-5）。

_____

① 田辛. 景观"水"要素研究［D］. 重庆：重庆大学,2002.

集水生态护岸的设计与表达　　　　　　表4-5

类型	要素设计特征	表达示意
自然亲水型	铺设石块，同时搭配种植易于成活的地域水生植物（如水草等）	
	利用石块以及木桩固定自然底土，加固河床	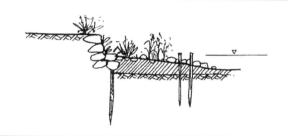
	在已有加固措施的情况下，自然地铺设石头，栽植水生植物，形成丰富的生态群落，营造丰富的水景效果	
平坡亲水型	利用砖或者空心砖铺设护岸，近水区域铺设石块，大量种植植物	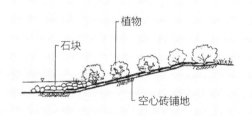
	利用石块加固木桩，同时利用植物根系，双重作用增加护岸强度	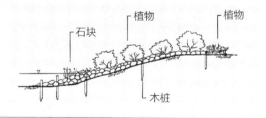
	利用石头铺设护岸垫层，上面自由铺设石块并种植植物	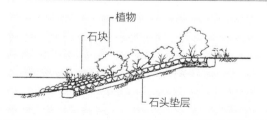

类型	要素设计特征	表达示意
缓坡亲水型	利用树枝或植物秆铺设护岸,形成自然步道,利用木桩加固	
	通过植物、石块、木桩以及金属织网共同形成水体生态湖岸,耐用时间约10~15年	
	底层用石材作垫层,用鹅卵石铺设护岸	
陡坡亲水型	利用木桩形成不同高差的阶梯环,种植植物	
	将土石等自然材料装进金属编织箱中,并种植植物,根据地形进行堆放,形成阶梯形的护岸	
	根据地形变换用木桩或其他生态材料及水生植物界定不同高差的河床,丰富水体边界空间效果	

87

4.2.4 植物要素的提取与表达

1. 植物要素的概述

植物不仅可以围合空间、构成景观，还能调节环境微气候，使得环境充满生机，尤其是在乡村地区，居民与植物的关系更为密切。近年来，随着相关设计理论与方法研究的更新，关于植物要素的设计表达除了关注其最基本的"环境装饰"作用之外，开始更多关注植物要素所潜在的生态效益。在开展豫西黄土丘陵沟壑区新型乡村聚落景观环境的规划设计时，除了要利用植物要素丰富美化环境之外，还应该更多地去挖掘植物要素更多的潜在功能，使其综合效益最大化（图4-8，表4-6）。

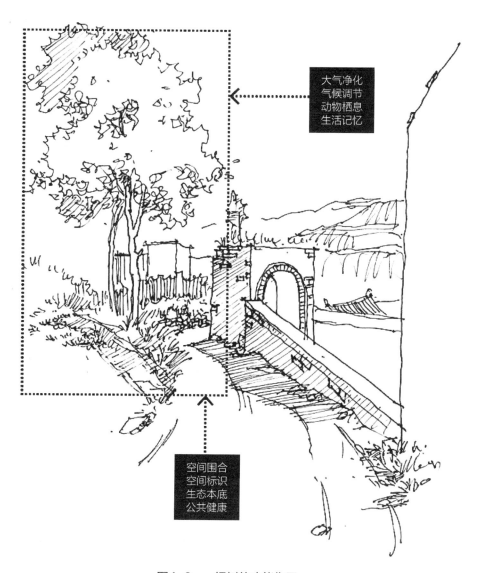

图4-8　一棵树的功能作用

新型乡村聚落植物要素作用表　　　　　　　　　　　　表4-6

类型	价值意义
功能性	大气净化、气候调节、空间围合、生态基础、防风固沙……
视觉性	空间标识、软化空间、区域划分、空间美化、休闲观赏……
生态性	制造氧气、动物栖息、缓解水土流失……
地域性	展现地域特征、展现生产特性、丰富室外空间……
精神性	历史纪念、教育意义、情感归属……

2. 植物要素的提炼

（1）调研分析

针对植物要素的提炼离不开基础环境的研究。我们应该充分地了解基地的基本气候环境，通过调查分析，厘清研究区域内植物生长的相关情况，例如土壤类型、季节变化等。

（2）分类整理

将调研得到的第一手资料分类整理，建议将植物分为：生态植被、农业作物、经济作物、行道植物以及庭院植物五大类，形成社区植物要素构成表，明确不同类型植物的生长需求及景观作用，为下一步的规划设计提供基础参考。

（3）适地适树

根据社区不同区域景观建设的功能需求，结合调研分析整理的社区植物要素构成表，遵循适地适树的原则，根据不同区域的景观要求配置与之相适应的植物。同时，还应注意植物之间的搭配，确保不同区域的植物之间生态循环的畅通。通过植物媒介，有效地协调建设环境与自然环境之间的关系。

（4）管理维护

社区植物配置建议多采用本土植物，结合生态基础设施建设，加强雨水收集，降低植物的维护及更新成本费用。

4.3　新型乡村聚落景观中的风貌要素

4.3.1　物质风貌要素的提取与表达

1. 整合背景下的乡村聚落整体风貌的转型

传统的乡村聚落一般呈现线状、团状和点状三种形式分布，其中线状分布是指乡村聚落以交通线路或者自然河流水系为依托，在一定区域内呈线性分布的状态。团状分布是指在一定的地域范围内，数个具有一定规模的乡村聚落，按照一定的肌理及空间组合规律，相互依托组合布局，共享一定的基础设施及自然资源，形成团状的群体关系，这种类型的组合方式多出现于地势相对平坦且人口较为稠密的地区。点状分布是指在一定的地域范围内，规模较小且相对独立的乡村聚落，在一定的地域范围内呈不规则的点状分布，这种组合规律一般出现在地形地貌相对复杂且不规则，建设用地及人口较少的地区。基于以上的分布规律，黄土沟壑区内的传统聚落整体风貌呈现出局部集中、整体分散的风貌特征，聚落多掩映于自然环境之中。

在我国快速城镇化的背景下，现代农业发展趋势的驱动下，为了使乡村居民更容易享受到公共服务设施和基础设施的便利，以及使行政管理更加便捷有效，政府开始有计划地引导若干自然村进行整合发展，通过统一规划、统一建设，促进协同发展，最终形成若干个新型农村社区，也就是本文所说的新型乡村聚落。原本自然散落发展且规模大小不一的自然乡村聚落会被整合成若干个规模不等的新型乡村聚落，但这些新型乡村聚落既不等同于村庄翻新，也不是简单的人口聚居，而是要加快缩小城乡差距、节约土地，提高土地利用效率，在农村营造一种新的社会生活形态，让村民能享受到跟城里人一样的公共服务。在实现乡村聚落社区化之后，农民可以不远离土地，又能集中享受到城市化的生活环境。

以三门峡卢氏县范里镇为例，卢氏县人民政府与三门峡市规划勘察设计院共同编制的卢氏县新型农村社区布局规划显示卢氏县共352个行政村，2685个自然村。整合后全县共有新型农村社区105个，其中：城镇型居住社区28个，新型农村社区77个（图4-9）。

在这种整合发展的社会背景下，豫西黄土丘陵沟壑区内乡村聚落的规模、肌理分布特征都将发生根本的变化，这也会直接影响在大地景观背景下区域乡村聚落的整体景观风貌。

2. 乡村聚落景观风貌要素的提取

美国规划学家凯文·林奇（Kevin Lynch）提出，城市形体的各种标志是供人们识别城市的符号，包括道路、边界、区域、节点、标志物等，空间设计就是合理地安排和组织这些要素，并使之形成能引起体验者更大视觉兴奋的总成。借鉴城市设计的理论，新型乡村聚落的景观设计也同样需要对这些标志性要素进行合理地组织。

（1）道路

道路是新型乡村聚落景观风貌重要的组成因子。从物质层面看，道路是新型乡村聚落空间的骨架，是分隔和联系聚落功能空间的重要线性空间纽带。从精神层面看，道路景观直接影响着体验者对于乡村聚落的景观印象。作为线性的景观空间，

图例
- 政府所在地
- 旧村改造型村庄
- 撤并搬迁型村庄
- 城镇型居住社区
- 新型农村社区
- 现状居民点
- 省道
- 县道
- 村村通
- 河流
- 农村社区辐射范围
- 乡界

图4-9 卢氏县范里镇新型农村社区整合规划

道路景观起着联系各个空间节点的重要作用。地势地貌是景观道路形式的产生基础，不同的功能需求是其划分等级的基本条件。（表4-7，图4-10）

新型乡村聚落景观道路（路径）的特征分析 表4-7

名称	形式	功能	影响因子
景观道路	（1）直线型。 （2）曲线型。 （3）混合型	（1）乡村聚落的空间骨架。 （2）联系各个空间的线性要素。 （3）影响体验者的景观印象	（1）地势地貌。 （2）空间功能需求。 （3）空间划分需求

（2）边界

本研究所指的边界是豫西黄土丘陵沟壑区新型乡村聚落中两种或者两种以上的景观空间的过渡性界面，总体可以分为聚落外部空间边界和聚落内部景观边界两类。聚落外部边界指的是聚落整体的形态与自然界之间的异质性过渡空间。聚落外部空间边界限定了聚落在大自然地貌中的空间形态，随着聚落建设的变化，该边界是一个动态变化的边界，是聚落的整体形象界面。聚落内部景观边界是指聚落中两个或两个以上不同景观功能区域的异质性过度界面，可以分为硬质性边界和软质性边界两种类型，其中硬质性边界包含建筑边界、广场边界、道路边界，软质性边界包括植物边界、水体边界以及其他生态因子边界等。

（3）节点

景观节点在新型乡村聚落的景观空间中具有双重作用。首先，节点具有一定的空间区域，是由道路、建筑、用地等不同的元素综合叠加而成的空间区域，其空间形态体现着统一性的基本特征。景观节点的设计在聚落景观的规划设计当中起着画龙点睛的作用，节点不宜过多。其次，景观节点在新型乡村聚落的景观设计中起着过渡空间的作用，通过景观节点可以整合不同区域的单一小空间或复杂大空间，从这一层面上来看，景观的节点和景观的边界有着类似的作用和功能，但与景观的边界又有着形态上的区别，边界是线性的空间形态，而节点是点状的空间形态，由道路将其串接，形成聚落景观网络（图4-11）。

（4）肌理

乡村聚落中各种空间形态以及各种要素在平面上的组合方式也就构成了乡村聚落景观的空间肌理。景观的空间肌理是乡村聚落中各种自然形态、建筑形态、建筑形式的平面化反映。景观的肌理体现了人的活动特征及文化特征，不同的地域文化特征下的乡村聚落景观肌理有着其独有的特征表达。从平面视角来

（a）结合地形的乡村聚落景观道路　　　　　（b）具有生活气息的乡村聚落景观道路

图4-10　日本的乡村道路景观

（a）具有过渡连接性质的景观节点设计　　　　（b）日本埼玉县空中森林广场节点

图4-11　独具特色的景观节点

看，乡村聚落景观的肌理反映聚落与自然之间的土地关系，从空间视角来看，其肌理特征体现了聚落用地与自然山水之间的关系。从"拓扑学（Topalagy）"视角来看，乡村聚落的景观肌理是各类形态要素按照一定的规律与构成关系在空间上的排列组合。研究聚落肌理的组织规律，有助于我们对新型乡村聚落景观空间组织的研究，特别是在传统特征空间延续等方面可以提供设计依据和设计素材（图4-12）。

（5）标志

一个明显且具有可识别性的聚落标志可以使得聚落被人们所关注。可识别性一定是具有地方特色的，让人会产生明显的场所感和景观体验兴奋感的精神认知，能唤起人对一个地方的记忆或印象。乡村聚落的景观标志有着双重含义：首先，乡村聚落的景观标志可以是一个或者一组精神性的形式，在文化和社会意义上能够吸引体验者，成为景观体验的聚光点；其次，乡村聚落的景观标志也可以是一个或一组标志性的空间，其空间形式与周边环境形成明显的对比，从而成为景观体验者体验聚落景观文化的目的地或汇集点（图4-13）。

（a）客家传统聚落肌理　　　　　　　　　（b）黄土丘陵沟壑区聚落肌理

图4-12　具有地域差异的乡村肌理

（a）三门峡唐洼村高地上的古树与庙宇　　　　　　　　（b）丁村宗祠

图4-13　聚落景观标志

（6）基因

基因作为生物学的基本概念指的是生物遗传信息的载体，是生物遗传变异的主要物质，它通过信息的复制与变异将遗传信息由上一代传递给下一代，使下一代与上一代在某种特征上具有相似性。多姿多彩的传统乡村聚落景观基因如何提取，其主要的切入点还是要先了解地域景观元素的基本构成。其特征要素的确定有助于地域景观基因的提取与识别，主要表现为以下几个方面：一是聚落层面，主要包括聚落选址、街巷走势、院落肌理、传统精神空间等；二是建筑层面，主要包括建筑的平面形制、院落布局、屋顶造型、山墙造型、门窗比例、装饰纹饰、建设材料、传统技艺等；三是文化层面，主要包括生产习惯、生活习俗、传统节庆、饮食文化、地方曲艺等（图4-14）。

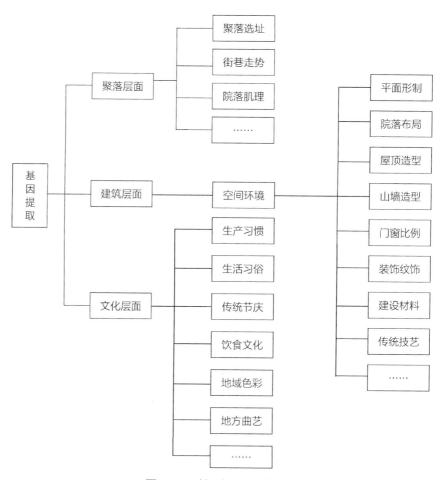

图4-14　基因提取的框架图

4.3.2 非物质风貌要素的提取与表达

1. 非物质风貌要素的特点

非物质风貌要素是当地居民利用自然、改造自然的精神寄托。物质风貌要素与非物质风貌要素在乡村聚落景观要素体系中是相互依存的关系。物质要素与非物质要素在乡村聚落景观的发展中彼此积淀，密不可分，它们共同作用于乡村聚落的景观过程，并最终形成具有地域特色的乡村聚落景观的外在表现（图4-15）。

与物质风貌要素不同的是，非物质风貌要素作为一种意识形态，体现着乡村聚落景观的文化内涵，同时也是一个地区人类居住生活的历史行为印记。非物质风貌要素是乡村聚落景观空间发展的内生动力，对于新型乡村聚落景观营造具有巨大的潜在价值。非物质风貌要素无形地影响着乡村聚落景观的形态特征，通过对非物质风貌要素的深刻理解与把握，有助于把握新型乡村聚落景观形态营造的整体方向，有助于营造出恰当的且符合地域特色的新型乡村聚落景观。

2. 非物质风貌要素的提取

（1）理解场地功能需求

新型乡村聚落的景观并不应仅仅是为美化环境而营建的景观，而应当是满足当地居民生产生活需求的功能化景观，应是有生命的景观。因此，乡村聚落的景观营建首先要从生活出发，了解场地的功能需求，挖掘土地潜在的使用需求，与使用者进行互动，了解其真实的生活需求，认真调查和分析当地的生产与生活习惯，将生活的使用需求融入设计当中。

图4-15　乡土生活插画

（2）挖掘地域生活习俗

生活方式是地域景观营建过程中重要的人文要素，是一个地方地域文化的生活化展示，是地域文化无形的载体。随着时代的进步，生活方式可以发生适应时代的改变，也只有适应了现代社会的发展才能被流传和延续。因此，生活方式也可以被看作是动态的景观要素。通过新型乡村聚落的景观设计为其构建合理的空间载体，有助于展示地域生活习俗，有效地促进乡村居民生活的改善（图4-16）。

（3）梳理地域历史文脉

历史文脉是一个地方历史发展的脉络，这其中包括历史名人、重大事件等方面，这些方面对乡村聚落的后续影响非常持久，甚至成为某个地方地域文化的突出表现。这些历史元素以典故、图画、影像等形式一代一代传延下来，成为地区独特的文化标识。所以，在新型乡村聚落景观规划的过程中，要保留这种文脉的延续，为其提供恰当的空间载体用以展示，使之与使用空间并存（图4-17）。

图4-16　黄土丘陵沟壑区的乡土生活

图4-17　下寺村的文化标识

4.3.3　色彩风貌要素的提取与表达

1. 色彩要素研究的理论基础

（1）色彩地理学理论

色彩地理学是一门研究不同地域下聚落色彩与聚落景观的视觉表现及特征的一门学科，色彩地理学主要是考察研究区域的人的色彩审美的心理及其色彩变化规律。法国著名的色彩学家让·飞利浦·朗克洛先生提出："不同的地域具有不同的地理环境及气候条件，同样也就孕育出不同的人文景观，不同的色彩体系也就应运而生，色彩的设计应在地理学的基础上，通过地缘文化的角度来审视与考察其相关的问题。"[①]

（2）色彩四季理论

20世纪80年代美国人卡洛儿．杰克逊提出了色彩的四季理论。研究发现，人类的肉眼可以分辨出约750～1000万种颜色，四季色彩理论将这些颜色进行冷暖划分，形成四个色彩群组，每一个群组的色彩与大自然中的四季的色彩特征相吻合，故将其命名为"春""夏""秋""冬"四大色彩群组，最终形成"冷暖"两大类、"春夏秋冬"四大色彩群组的色彩体系。该四季色彩理论的研究凸显了色彩与自然的和谐之美，自该理论提出后，被广泛地运用于各类的色彩设计当中，例如美国著名的景观设计大师玛莎·施瓦茨就曾经尝试将色彩的四季理论运用到其景观创作之中，并取得了非常好的效果[①]（图4-18，表4-8）。

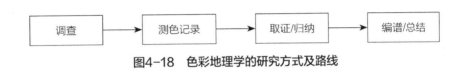

图4-18 色彩地理学的研究方式及路线

色彩四季理论色彩谱系分类表　　　　　　　　表4-8

类型	色彩组	色彩联想	色彩感受
暖色系	春	花红柳绿	鲜艳亮丽
	秋	金黄的原野，丰收的麦田	高贵成熟
冷色系	夏	火热的太阳、清凉的湖水、阴凉的树荫	火热与清爽并存
	冬	白雪皑皑	冷艳脱俗

2. 色彩要素的提取

乡村聚落基于人口少、规模小的特点，其建设的材料多数为就地取材，自然因素是聚落总体色彩风貌最主要的影响因子。因此，对于乡村色彩表现的研究最主要的就是要遵循自然统一性原则。

在乡村聚落景观色彩的控制上，规划设计人员只需在原有的人文景观色彩和自然景观色彩的基础上，将符合地域特色的色彩提炼出来，建立其色彩谱系，就会对乡村聚落的视觉景观建设起到非常大的指导作用和改善作用（图4-19，表4-9）。

① 郭会丁. 园林景观色彩设计初探［D］. 北京：北京林业大学，2005.

图4-19　色彩要素的影响

三种色彩要素提取法的优缺点比较表　　　　　　　　表4-9

名称	研究方法	优点	缺点
色彩地理学法	调研、比对	准确度高、指导性强	程序复杂，耗时过长，缺乏公众交流
二元定向图表法	通过色彩印象程度表、色彩分析程度表、特殊问题程度表、色彩倾向程度表进行综合判断	准确度较高，基于规划理念研究，有利于规划展开	缺乏专家及公众意见
乡村景观功能分区法	根据上位规划及座谈会进行有针对的元素提炼	参考上位规划，灵活性强，因地制宜，准确度较高	不适于规模大、人口多的乡村聚落

3. 色彩要素的种类

（1）自然景观色彩

自然环境中天然物质的色彩一般都是由多种的色相、明度以及纯度的颜色合成的，所以自然景观的颜色均呈现出丰富的层次感，同时随着季节与气候的变化，自然景观的色彩也会随之改变，该类色彩会根据地域的种植特色、地貌特色呈现一定的变化规律，属于非恒定的色彩。

豫西黄土丘陵沟壑区地形地貌复杂，四季分明，植物种类和矿产资源丰富，山地、丘陵、与黄土塬交杂的地貌与季节分明的植被是其主要的环境特征。该区域土地、丘陵、山体、岩石、植物、河流、农田以及天空的颜色都是该区域自然景观色彩的呈现载体。首先，要整理分析该区域的气象、日照等相关资料，总结出不同的气候条件及光照条件下环境色彩所呈现的变化规律。其次，需要研究聚落周边山水环境的色彩特征以及植被特征。再次，在此基础上通过实地考察与调研，提炼豫西黄土丘陵沟壑区乡村聚落的土壤、岩石以及主要背景植被、中景植物、庭院植物、农产作物等植物的主体色彩。最后，在以上工作的基础上进行环境色彩抽离，通过色彩分析提炼自然环境景观的典型色彩，编制环境景观色彩的色彩谱系，确定该区域新型乡村聚落景观的基础背景色彩（图4-20）。

（2）人文景观色彩

人文景观属于非物质性的景观范畴，传统习俗、宗教文化、社会制度、经济水平等方面均是人文景观色彩的重要影响因素。此类景观色彩是地域文化气质的直观表现，对其进行研究可以通过物质表象，深入了解聚落文化的内涵精髓。纵观中外，我们不难发现，尽管在同一纬度和具有相似地貌，但不同的国家或者民族其乡村聚落的景观风貌均表现出不同的特色，这就是人文因素差异所形成的结果。因此，人文景观的色彩是一个地域审美观念在历史长河之中演变而成的结果，该类型景观色彩是在特定文化习俗条件下的色彩，不具备复制性和模仿性。所以，在规划

图4-20 豫西黄土丘陵沟壑区自然景观色彩片段提取

设计阶段我们需要充分地收集相关历史文化资料，了解特定地域风俗文化中的习惯常用色及禁忌色，并与图片相结合，提取其文化主体颜色，编制相应色谱，点缀乡村聚落景观，强化景观规划的地域文化认同感（图4-21）。

（3）工程景观色彩

工程景观色彩主要是指与人工建设相关的色彩要素，包括聚落建筑色彩、构筑物色彩、道路铺装色彩、景观小品色彩、指示标识色彩等。该类色彩也是构成聚落色彩要素的重要组成部分，是整个聚落景观的视觉主体形象的最直接的表现。该类色彩要素依附于自然景观色彩和人文景观色彩而存在。在乡村聚落功能日益复杂，景观建设量及工程建设量日益增加的今天，新型乡村聚落景观的营建需要研究本土工程景观色彩，统一建设色调，制定相应的建设色谱，规范新型乡村聚落工程建设景观色彩，做到虽是现代设计，但源于地方特色、接近自然色，同自然景观和谐地融为一体，可强化地域景观的空间识别性，给人以强烈的地域景观感染力（图4-22）。

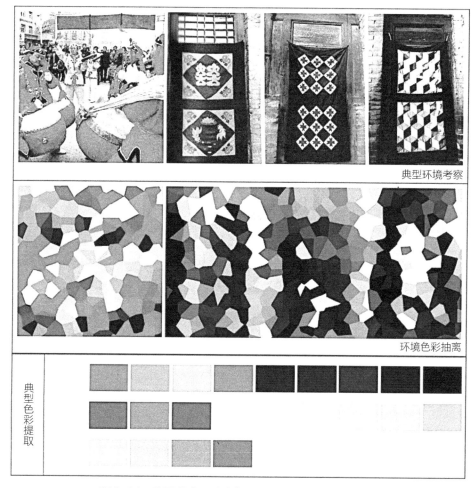

图4-21　豫西黄土丘陵沟壑区人文景观色彩片段提取

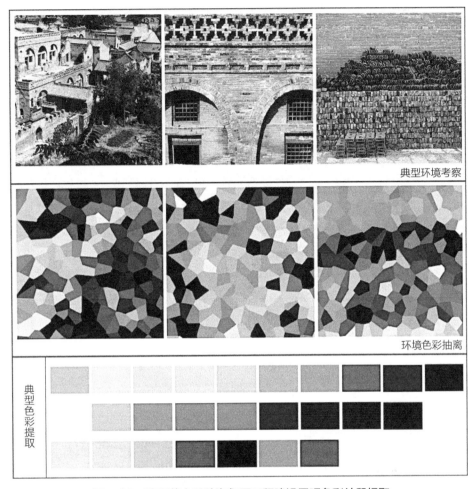

图4-22　豫西黄土丘陵沟壑区工程建设景观色彩片段提取

4.4　新型乡村聚落景观中的生产要素

4.4.1　乡村生产景观与风景园林设计

自18世纪中期开始，欧洲的很多国家就将皇家园林陆续对公众开放，之后又有大量的城市公园如雨后春笋般地在普通民众的生活中出现，普通大众成了公共园林的享用者与受益者，在这些园林的规划设计当中，各种手法设计理念层出不穷。这些理念很多都受到了农业生产景观的影响，例如近代霍华德的"田园城市"思想就是其对城市诟病的反思以及对于乡村农业生产和农业景观关注的具体体现。再例如被誉为风景园林奠基人的美国规划师奥姆斯特德将乡村自然美景引入城市之中的设计理念使其获得巨大的声誉，被誉为法国风景园林奠基人的米歇尔·高哈汝在谈到自己的设计理念时就曾这样说过，"我个人更偏爱乡村、农业、田野，特别是耕作过的土地,这意味着有人类来组织这一切。在人类的辛勤劳作下将土地合理地利用使其变得具有价值,这正是农民耕种过程的魅力所在,我希望通过我的设计唤起公众的回忆。我们都来自田野,我们的祖先都耕种过土地。事实上,这也是我们现代生活的起点,我们的语言、我们的文化也是这样一条线一条线地从田野里生长出来的,所以设计师应热爱乡村,热爱田野,而不是把田野排斥在城市之外。"米歇尔·高哈汝的代表作品如苏塞公园、日尔兰公园等都体现着其对于农业景观的关注(图4-23,图4-24)。

村生产景观是以一种极具地域特色的产业性景观。乡村生产景观的深入研究有助于我们更深层次地了解一个地区生产生活的地方行为及其人文风貌的形成原因及过程。我国是一个具有悠久历史的农业大国,农耕文化对我国园林发展有着深远的影响,乡村聚落的生产特征与生产空间布局与聚落的选址、形态密切相关。多样化的乡村生产形式会带来多样化的景观体验,因此,我们站在乡村聚落面前谈乡村景观设计,将地域生产景观作为新型乡村聚落景观设计的重要要素来进行研究就显得尤为必要(图4-25,图4-26)。

图4-23 法国农业景观

图4-24 苏塞公园鸟瞰

(a)哈尼梯田

(b)千岛菜花风景区

图4-25 生产性景观

（a）北海道四季彩丘

（b）上富良野花园

图4-26　地域生产性景观

4.4.2 乡村生产景观的特点

乡村生产景观是人类在土地上进行劳作所体现的景观表现，反映了特定地域下的人地关系，笔者通过文献梳理整理出如下几种共性特点：

1. 功能性

乡村的生产景观与当地居民的生产和生活密不可分，居民为了满足生存、生产与生活的需求，对所居住的土地环境进行改造和创造，这些人为的活动其出发点都是以生存为目的的，所以乡村生产景观最基本的特点就是具备功能性。

2. 主观性

乡村的生产景观并不是由设计师设计出来的，它是通过居民的劳作长年累月自主形成的，是居民根据自身生产生活需要，在最低的能耗下根据自身的经验或技能有意识开发的，其景观形态表现带有强烈的主观意愿。

3. 地域性

乡村聚落的产业具有强烈的地域特征，因为乡村聚落的产业的主要生产产品为动植物，其种植与养殖与当地的气候、光照、土壤、水源等自然条件密不可分，不同地域的居民根据其自然条件选择不同的农业产业方式，也就形成了其自身独特的农业景观。

4. 季节性

作物的种植与畜牧的养殖受到自然条件的影响，尤其是气候条件的影响，其产业呈现出一定的季节周期规律。伴随着四季的变化，乡村聚落的产业景观也体现出了不同的季节特色。

5. 生态性

乡村聚落的产业往往是种植业和畜牧业复合发展的。当地居民根据其自然条件在耕种的同时会因地制宜地进行畜牧养殖，所以在其生产与发展的过程中乡村生产景观具有丰富的物种资源，其生态特性也就明显地展现了出来。

6. 美观性

乡村生产是在人与自然的不断较量中逐步发展的，乡村生产景观体现出了这种人适应自然的和谐之美。

7. 文化性

乡村生产空间是乡村聚落生活的重要空间，其生产景观正是人们对于环境适应的直观展现，生产空间也是乡村地域文化的直接载体，生产景观是当地社会文化发展状况的直接反映，蕴含着当地历史文化的发展信息。[1]

4.4.3 乡村生产景观的相关要素

1. 工程要素

本书所提到的乡村生产景观的工程要素主要是指人们为了调节和控制自然资源

---

[1] 于晓森. 农业相关要素与风景园林规划设计的关系研究 [D]. 北京：北京林业大学，2010.

使其达到其最大利用价值，减少灾害，确保乡村生产顺利进行而兴建的各种工程项目及辅助设施，例如农田水利工程、防洪工程、水体保持工程等。

为了达到乡村生产活动顺利进行的目的对自然环境及土地进行的有计划的改造活动，恰恰是人与自然关系的一种工程性表现。工程要素本身具备使用功能，还具备审美与生态等多种功能，将工程要素引入到新型乡村聚落景观设计中，力求工程要素景观化，这样既发展了乡村生产，又美化了聚落环境，还可以结合自身特色发展乡村旅游，使得生产、生态等效益最大化，在科学保证乡村聚落生产顺利进行的同时，又兼具多重的景观作用（图4-27）。

2. 观光要素

乡村生产景观的观光要素指的是以生态、生活、生产资源为基础，结合旅游业，整合历史资源综合发展的一种新型的交叉型景观要素。作为乡村生产与旅游业相结合而衍生出的重要景观要素，观光要素既体现出传统乡村生产的基本特色，又具备旅游参观的特质。利用乡村生产景观的特点，在新型乡村聚落的景观设计当中注重协调各种要素之间的关系，结合风景园林的美学理论，分析不同的生产景观空间以及历史资源空间带给景观体验者不同的心理影响以及体验者对景观空间的需求，以此为基础为营建充满现代活力的新型乡村聚落景观提供设计参考与依据（图4-28）。

（a）螺旋形防波堤（罗伯特·史密森）　　（b）东斯尔德大坝（高伊策）

图4-27　农业工程要素

（a）日本MOKU-MOKU农产品交易中心　　（b）北海道富良野富田农场

图4-28　农业观光要素

4.5 新型乡村聚落景观要素的梳理流程

前文中我们已经讨论了豫西黄土丘陵沟壑区新型乡村聚落景观营建的主要影响因子和要素，并对这些要素分别进行了论述。但是在乡村聚落景观的规划设计过程当中，每种景观要素都不是独立存在的，它们之间相互影响、相互依存。规划设计人员不仅要通晓研究区域每种景观要素的设计原则与策略，还要学会对这些要素进行有机组合，要考虑到每种要素对其他要素的影响与制约关系。面对豫西黄土丘陵沟壑区新型乡村聚落景观规划设计，设计人员与研究人员都必须有针对性地提炼出"豫西黄土丘陵沟壑区新型乡村聚落景观要素梳理流程"，这个工作流程有助于专业人员收集与利用全部的与设计相关的要素，从而因地制宜地完成豫西黄土丘陵沟壑区新型乡村聚落的景观设计任务（图4-29）。

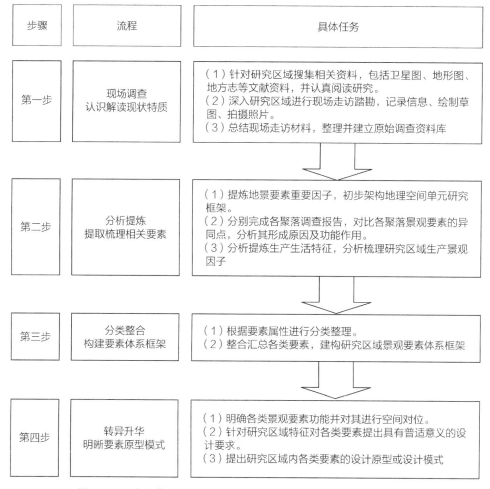

图4-29 豫西黄土丘陵沟壑区新型乡村聚落景观要素梳理流程图

4.5.1 现场调查——认识解读现状特质

现场调查是风景园林学科最基本的研究方法，也是此项研究的基础环节。现场的走访与调查，是研究者或设计人员感受研究区域空间特色最直观的方式。现场调查的方式与方法、步骤与内容直接影响到后续的工作。

针对豫西黄土丘陵沟壑区新型乡村聚落景观要素的调查分析研究主要分为以下三个阶段：

（1）调查准备阶段。首先，搜集研究区域的卫星地图以及各类比例尺的地形图，认真阅读图纸，了解研究区域的地形地貌、水系走向、植被类型、道路交通以及聚落分布。其次，阅读研究区域的地方志等文献资料，确定该区域是否有历史文化名村或历史风貌保存较好的区域。最后，确定调查提纲，根据提纲制定相应的调查任务。

（2）现场调查阶段。首先，针对研究区域的自然地景要素，如气候、地貌、水体、植被等要素进行详细拍照并绘制草图，现场感受其自然资源特色及生态格局。其次，深入研究区域聚落内部针对乡村聚落风貌的相关要素，例如建筑、院落、文化生活习俗、生产生活习惯、常见色彩、历史文物遗迹、民族风貌等，同时进行详细拍照并绘制草图。最后，通过村民座谈、政府座谈了解研究区域的产业生产情况，例如农业发展情况，经济收入情况，常种作物情况等，同时做好详细的笔录。

（3）调查总结阶段。此阶段主要是将现场调查过程中记录、拍摄的资料进行分类整理汇总，形成该研究区域景观要素研究的原始调查资料库，同时补充现场考察时不完整的资料内容，最终完成对研究区域现状的整体认识。

4.5.2 分析提炼——提取梳理相关要素

依据研究地区的现场调查资料，对研究区域的现状要素进行综合梳理，提炼出影响研究区域景观的基本因子。具体分为以下三个阶段：

（1）依据现场调查获取的资料，仔细梳理研究区域的自然生态环境，总结出该研究区域自然地景的整体风貌特征，提炼出研究区域影响地景要素的重要因子，确定研究区域地景要素的重点研究对象，初步确定研究区域可利用的自然景观资源，并架构出初步的自然地理空间单元框架。

（2）依据对研究区域中典型聚落的现场调查，针对每个典型对象形成一套完整的调查报告，重点分析研究区域内典型聚落景观的构成因子，分析其形成条件以及功能作用，对比各典型聚落中影响因子的异同点，确定不同影响因子在乡村聚落景观营建中的重要性，总结各类因子的人文内涵，为新型乡村聚落景观营建提供设计依据。

（3）根据调研走访获取的资料，分析提炼出研究区域乡村聚落生产生活特征，总结出该研究区域居民的生产生活习惯，以及常种作物的生长规律，梳理出影响该研究区域景观风貌的生产性景观因子，为后续新型乡村聚落的景观设计合理性提供依据。

4.5.3 分类整合——构建要素体系框架

分类整合思想是自然科学与社会科学研究中的基本逻辑方法。分类整合思想的基本环节就是"分"与"合"，二者既对立又统一，即有"分类"必有"整合"。

（1）将乡村聚落景观发展的各类要素根据其自身的属性进行分类，确定影响乡村聚落景观发展的三大景观要素类别，分别是地景要素、风貌要素以及产业要素，其中地景要素细分为气候要素、地貌要素、水体要素以及植物要素，这些要素共同构成了新型乡村聚落景观营建的自然本底。

（2）风貌要素细分为建设风貌要素、人文风貌要素以及色彩风貌要素，这些要素的研究为新型乡村聚落的景观空间形态和视觉体验提供了本土化设计依据。

（3）产业要素细分为农业产业工程要素、观光农业产业要素以及地域生产生活习惯要素，对这些子项目的研究为新型乡村聚落景观的合理性功能性设计提供了设计参考。

（4）形成研究区域乡村聚落景观要素的整体框架，通过图示的语言将其地域特色的景观基因直观地展现出来，形成研究区域一体化的景观要素体系，为后续的景观设计提供依据。

4.5.4 转异升华——明晰要素原型模式

转异升华是指在以上的工作基础上，对研究区域内的各类的景观要素进行功能上的明确以及适用空间的对位，对每种要素提出基本的且具有普适意义的设计要求，同时对其进行模式化或符号化地设计，为研究区域内的乡村聚落景观设计提供一种或几种基础的要素设计原型，为豫西黄土丘陵沟壑区新型乡村聚落景观的规划设计提供参考。

5

豫西黄土丘陵沟壑区新型乡村聚落景观规划设计方法探讨

5.1 乡土景观规划设计方法的研究尺度

乡村景观是一个生态、生产与生活相互交融的复合景观系统，不同研究尺度的研究对象、研究内容，侧重点以及方式方法会有所不同。举一个直观的例子进行类比，就像摄影一样，从广角到微距的变焦过程中取景框中所呈现出的画面尽管有相似的地方，但是其呈现的画面重点是不一样的，这就是一个由远景到中景，再由中景到近景的一个视觉变化过程，在这个过程中人视觉的关注重点随着焦距的变化而变化，乡村景观的研究尺度的变化亦是如此。因此，乡村景观的研究同样也就分为宏观尺度、中观尺度以及微观尺度三个层级，三个层级尽管有相似的地方，但是每个尺度下都有其研究的侧重点，不同的尺度对应着不同的内容，脱离了尺度的概念来谈乡村景观的规划策略及设计方法是不切实际的（图5-1）。

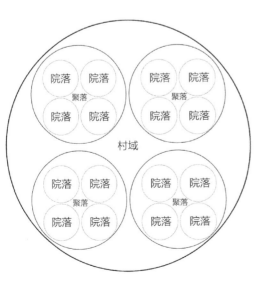

图5-1 研究层级关系图

5.1.1 研究尺度的分类

1. 宏观尺度——镇域层级

宏观尺度乡村景观研究主要是针对镇域空间范围内乡村聚落斑块组合的整体模式及规律，从大地理单元层面入手进行的镇域景观格局研究，是对研究区域内地理单元土地利用策略与方法的研究。其关注点侧重于景观生态、区域产业经济发展、聚落规模大小及用地选址等领域，是基于生态、生产、生活复合系统下区域景观生态安全格局的综合性整体研究，其研究的策略与方法对镇域范围内的景观生态保护、景观安全格局构建、土地利用、产业布局以及聚落选址有着宏观的指导意义。从景观体验的角度来看，宏观尺度乡村景观研究是体验者对宏观大地景观的感知（表5-1）。

宏观尺度的乡村景观研究（镇域层级）　　　　　表5-1

研究重点	研究内容	研究要素
镇域景观生态格局研究	生态	水系、耕地、林地、湿地、地貌特征、基质-斑块-廊道之间的关系……
	生产	农业、工业、服务业空间发展策略及布局……
	生活	聚落选址、聚落形态、区域交通……

2. 中观尺度——村域层级

中观尺度乡村景观研究是针对村域空间范围内单个乡村聚落斑块的景观空间格局进行的研究。其研究重点在于单个乡村聚落斑块与周边环境的关系、形态特征、整体风貌特色塑造、整体景观空间结构架构、生态适宜性技术利用、历史记忆传承、聚落自身特色产业发展等方面，是基于生态、生产、生活复合系统下单个聚落景观格局策略与规划设计方法的综合性研究。中观尺度研究提出的策略与方法对村域范围内的景观生态保护、景观安全格局构建、土地利用、产业布局、风貌传承以及可持续发展有着重要的意义（表5-2）。

中观尺度的乡村景观研究（村域层级）　　　　　表5-2

研究重点	研究内容	研究要素
村域景观格局与风貌特色	生态	聚落与周边环境之间的关系：地形地貌、植被水系、气候特征……
	生产	针对不同的产业发展需求提出相关景观发展策略：种植业、养殖业、旅游业、外围交通、生产设施……
	生活	场地形态、建筑肌理、色彩控制、建筑造型控制、组团关系、街巷交通、道路竖向、公共空间、服务设施、生态适宜技术应用、人文风貌传承……

3. 微观尺度——聚落层级

微观尺度乡村景观研究重点关注聚落中院落及组团空间景观环境营建的具体设计方法。其研究重点在于乡村聚落中院落及组团与整体聚落的关系、组团院落空间形态设计、风貌特色塑造、景观生境营造、生态适宜性技术利用、历史记忆传承、生活生产协调发展等方面，是基于生态、生产、生活复合系统下单个聚落内部景观的精细化设计研究，其研究成果对改善聚落内部的景观环境建设、自然生境的平衡与日常生活的关系有着非常重要的意义（表5-3）。

微观尺度的乡村景观研究（聚落层级）　　　　　　表5-3

研究重点	研究内容	研究要素
建筑院落及组团的景观设计	生态	组团院落生境营造、空间设计……
	生产	庭院经济作物或农作物种植、家庭手工业生产活动、农家乐旅游……
	生活	组团院落空间模式设计、风土习俗展示、建筑造型详细设计、结构形式、立面材质色彩详细设计……

5.1.2 本研究尺度的界定

豫西黄土丘陵沟壑区是黄土高原景观大区的亚类地区，针对黄土高原景观大区及黄土丘陵沟壑区景观亚区在宏观层面上的研究目前已非常成熟。当前，豫西黄土丘陵沟壑区内传统乡村聚落正面临着向新型乡村聚落的转型，新型乡村聚落景观建设需要具体的设计引导。因此，面对该地区新型乡村聚落景观营建的现实需求，本研究将规划策略与设计方法的研究层面确定在中观及微观尺度，有针对性地探讨该地区新型乡村聚落景观规划设计的策略方法以及工作流程。

5.2 豫西黄土丘陵沟壑区新型乡村聚落景观规划基本策略

5.2.1 基本理念——"功能主导，四元和谐"的绿色设计理念

1. 功能主导

黄土丘陵沟壑区乡村聚落景观多是根据实用功能需求以及经济发展需求而自然形成的，呈现缓慢自在发展的特点。尽管该区域乡村景观建设发展模式的突变式转型是我国社会发展的必然，但是，千百年来该区域乡村地区根深蒂固的以"功能实用"为前提的建设思维模式是无法改变的，即农民不会刻意地去造景，这种功能优

先的朴素设计模式，也是该地区新型乡村聚落景观规划设计研究的基本原则，切忌"贪大求洋"，盲目追求"高大上"。

2. 四元和谐

（1）自然——尊重自然环境的生态观念

人地关系本身就是一个辩证的矛盾统一体，人类活动与自然环境本身就存在着基本的矛盾，人的活动必然会对自然环境产生影响，自然环境又反过来制约着人类的活动，尤其是与自然最接近的乡村聚落。

传统乡村聚落建设活动是在充分尊重地域自然生态本底基础上，通过人有目的地改造与建设，将自然改造成为适宜人类居住生存的空间，是人主观的建设活动。因此，乡村聚落景观的营建的根本目的并不是为了突出设计的"与众不同"或"高大上"，而应是以一种朴实的态度来面对自然与土地，从而改善和提高乡村聚落人居环境的品质和质量。

（2）美学——符合地域特色的美学特征

乡村聚落景观的美是基于社会生活与自然环境协调下的和谐之美。新型乡村聚落的景观环境塑造与居民的生活基本需求以及自然环境特征之间有着密切的联系。聚落浓厚的文化传统以及地方特色是构成乡村聚落景观美的最基本要素（图5-2），主要体现在以下三个方面：

图5-2　欧洲朴素的山地乡村

　　1）基于地域特色的美

　　我们所探讨的豫西黄土丘陵沟壑区新型乡村聚落的景观美，是以地方风土人情以及自然地理特征为审美核心的景观之美。面对豫西黄土丘陵沟壑区当下大刀阔斧的新型乡村聚落建设，其聚落的景观环境营建除了遵循一般的美学规律，如对比、比例、尺度等方面之外，应从聚落所处的地理单元出发，根据其自然地理、风土人情等特点，整体架构聚落的景观空间结构，使新型乡村聚落有机和谐地融入地理空间之中，使之呈现出新型乡村聚落与自然环境之间的和谐之美。

　　2）基于时代特色的美

　　不同时代对于美有着不同的定义与需求。随着社会经济的进步与发展，传统的聚落空间逐步表现出对时代发展需求的滞后性。同时，随着豫西黄土丘陵沟壑区现代农业以及其他经济产业的发展，新的生产方式、出行方式等方面都影响着聚落的景观表现。因此，在新型乡村聚落景观环境营建的过程当中，结合现状条件，对场地资源充分利用，提出具有时代特色的环境塑造策略，以最小之力创造出最优效果，使聚落居民产生地域归属感和美学效应是豫西黄土丘陵沟壑区新型乡村聚落景观规划的重要原则。

　　3）基于经济实用的美

　　经济实用是乡村生活的一种态度，这种态度影响着传统乡村聚落的营建，也是乡村聚落景观魅力的源泉。因此，乡村聚落景观还应从经济实用的角度出发，尽可能节约土地、能源以及材料，尽量就地取材，通过人为适度干预，控制软硬质景观的比例，使景观建设与自然环境高度融合，在保护原有生态系统的前提下，通过聚落内部生境营造来保持聚落人工环境与自然环境之间的生态平衡，降低营建及运维成本。

　　（3）工程——降低成本的特色景观营建

　　景观设计的过程本身就是对美、功能、使用、生态、经济等诸多方面进行权衡的平衡过程。在强调可持续化发展的今天，特别是在乡村地区，低成本的景观设计及家园营建是未来的大势所趋。低成本景观营建策略就是在符合设计要求的基础上，遵循可持续发展和以人为本的原则，结合当下的社会经济情况以及技术条件，将景观设计的综合效益达到最大化、成本降低到最小化的设计策略。在风景园林规划设计中要将人的需求作为设计的首要目标，通过巧妙选取材料，合理搭配材料，科学配置植物降低风景园林建造的成本。低成本景观营建应遵循如下的原则：

　　1）充分利用本土材料

　　本土材料是延续地域文脉，表达地方气质最直接的介质。地方材料具有获取便捷，储量大的特点，这样就可以有效节约运输成本，同时易于被本地居民接受。同时，通过对本土材料的细节与特性研究，以低技术手段对材料进行二次设计改良，提高其空间适用性以及美学价值，就可以在降低成本的同时又强化了居民的文化认同感及地域归属感，也降低了景观建设的材料成本与开支。

2）充分利用废旧材料

合理地利用废弃材料，区分废旧材料的种类，变废为宝，是豫西黄土丘陵沟壑区新型乡村聚落景观规划设计必须考虑的问题。例如，可降解材料（植物的枯叶、树皮等）可当作肥料以用于聚落植物养护，有些不可降解的材料可以通过设计手段将其作为景观设施。

3）充分利用地貌特征

在规划设计中，应充分利用现状场地条件，尽量保留场地原有的形态特征、植被特征及水文特征，尽量减少土方平衡量，根据需求合理地确定开发强度与开发面积，减少场地设计的费用。

4）充分利用雨水资源

豫西黄土丘陵沟壑区干旱少雨，雨季集中且多暴雨，水土流失严重。在该区域新型乡村聚落景观营建的过程中，通过合理化设计，建立雨水资源收集利用系统，对聚落的景观维护、环境生态平衡、降低水土流失以及聚落的可持续发展均有重要的意义。

（4）植物——低成本的本土植物配置

植物群落如同空间环境的外衣，其美学价值与生态价值对景观营建的整体效果起着非常重要的作用。植物群落在环境的后期维护中需要进行一系列的养护工作，例如施肥、除草、浇灌、防治病虫害等，成本不可小觑。豫西黄土丘陵沟壑区的新型乡村聚落建设资金远不如城市建设资金充裕，通过常规的手段来维护新建社区植物景观是行不通的。所以，在豫西黄土丘陵沟壑区新型乡村聚落景观营建的过程中，我们应充分利用本土植物，发挥本土植物的经济性优势。

5.2.2　基本原则——"生态优先，循环节约"的绿色规划原则

1. 生态优先

纵观千百年来黄土丘陵沟壑区传统聚落的建设与发展，乡村居民与其所处的自然环境之间是一种和谐共生的关系，人利用自然，同时又依附于自然。研究通过大量资料文献查阅与实地踏勘整理出近二十年来豫西黄土丘陵沟壑区土地利用的数据，并对其景观格局变化进行分析，得出如下结论：由于人为因素的干扰，研究区域的景观匀质化现象较为明显，景观连通度大大降低，严重地影响了生态功能的流通。因此，新型乡村聚落景观的建设必须立足生态优先原则，合理地布局生产发展与城镇建设用地，大力培育生态景观平台，提高区域内的景观功能流通，从而保证豫西黄土丘陵沟壑区内的生态系统稳定以及生态安全。

2. 循环经济的"3R原则"

"3R原则"是循环经济最重要的方法与原则，同样也是可持续发展的战略基础，其详细解释如下：

（1）减量化原则（Reduce）——要求用较少的原料和能源投入来达到既定的生产目的或消费目的，从经济活动的源头就注意节约资源和减少污染。

（2）再使用原则（Reuse）——要求抵制当今世界一次性用品的泛滥，产品可以被再三使用。同时，还要求制造商应该尽量延长产品的使用期，而不是非常快地更新换代。

（3）再循环原则（Recycle）——要求生产出来的物品在完成其使用功能后能重新变成可以利用的资源，而不是不可恢复的垃圾。按照循环经济的思想，再循环有两种情况：一种是原级再循环，即废品被循环用来产生同种类型的新产品；另一种是次级再循环，即将废物资源转化成其他产品的原料。原级再循环在减少原材料消耗上面达到的效率要比次级再循环高得多，是循环经济追求的理想境界。

3. "3R原则"的风景园林转化

"3R原则"在豫西黄土丘陵沟壑区新型乡村聚落景观规划策略研究中可以做如下的转化应用：

（1）减量（Reduce）

在豫西黄土丘陵沟壑区新型乡村聚落景观规划与建设过程中尽量减少能源、土地、水资源的浪费，通过合理化设计并最大限度地提升资源及能源的使用效率，将工程量降到最低。

（2）再用（Reuse）

在豫西黄土丘陵沟壑区新型乡村聚落景观规划与建设过程中充分利用本土材料以及本土植物，因地制宜地提出相应的设计策略，从而提升材料及资源的循环利用性能。

（3）再生（Recycle）

在豫西黄土丘陵沟壑区新型乡村聚落景观规划与建设过程中充分利用废弃物，最大限度降低环境污染。同时，针对聚落中的废弃场地或空间提出适宜性的景观优化策略，从而使场地重新焕发生机。景观规划设计应充分注重建设效益及生态效益之间的平衡，最大限度地满足新型乡村聚落景观经济、实用、生态以及美观的需求。

5.2.3 规划设计——"经验更新，适应产业"的本土规划模式

1. 本土转化

在新型城镇化的背景下，伴随着社会的发展与进步与城乡信息的交流频繁，

外来元素、现代性因素日益向乡村社会渗透。豫西黄土丘陵沟壑区内的乡村居民生活也有了新的需求，如：自来水、供热供气、电力通信、汽车交通等现代化的生活需求与日俱增。新的需求必定要有与之相适应的空间载体，因此，这也就潜移默化地影响着豫西黄土丘陵沟壑区的乡村景观建设与发展。外来的、现代的元素为乡村聚落景观环境的建设与发展注入了新的活力，但是，这些新的元素要在本地生根就必须经过本土化的优化或者改良，从而避免水土不服所造成的不良后果。

2. 适应产业

在新型城镇化的背景下，伴随着社会的发展与进步与城乡信息的频繁互动，外来元素、现代性因素日益向乡村社会渗透，豫西黄土丘陵沟壑区内的乡村居民生活也有了时代背景下新的需求。自来水、供热供气、电力电讯、汽车交通等现代化的生活需求与日俱增。新的需求必定要有与之相适应的空间载体。因此，这也就潜移默化地影响着豫西黄土丘陵沟壑区的乡村景观建设与发展。外来的、现代的元素为乡村聚落景观环境的建设与发展注入了新的活力，但是，这些新的元素要在本地生根就必须经过本土化的优化或者改良，促进本土产业转型。

3. 有机融合

长期以来，我国快速大规模的城镇化建设总是以牺牲生态环境为代价的，一系列的生态环境恶化造成的弊病反过来又严重影响人居环境的安全格局。因此，正确处理好豫西黄土丘陵沟壑区新型乡村聚落人居环境建设与生态环境建设的关系是该区域社会环境和谐健康发展的基础。豫西黄土丘陵沟壑区新型乡村聚落景观的"生态-生产-生活"的三元属性与人居环境建设和生态环境建设之间的"自然-经济-社会"利益是相互关联且不可分割的有机整体。因此，该地区新型乡村聚落的景观规划设计必须将二者有机融合起来，协调之间的矛盾，寻求其中的平衡点，既要有利于自然，又要改善人居环境，提高生活品质，使其整体效益达到最高。

5.2.4 建设管理——"动态调控，自我提升"的绿色建设模式

1. 角色——政府、居民、技术人员协同合作

政府、居民、专业技术人员在整个营建的过程中都有着自己不同的角色定位。现阶段我国乡村聚落营建，政府一般作为主导方，居民作为使用方，专业技术人员则处于二者之间，这就形成了现阶段最常见的政府主导型开发营建模式。这种自上而下的乡村聚落模式有助于聚落建设的快速化推进，但是居民营建参与度低。最后往往会出现诸如功能设计不合理、设计愿景无法落地等诸多不适应的症状。为了转变这种不理想的状态，我们在设计阶段应遵循如下原则：

（1）强化居民主体意识

居民作为新型乡村聚落最终的使用者和受益者应当提升其营建参与度。在营建过程中应体现其主体意识，使其有效地参与到聚落的规划与建设之中。通过重点座谈、意愿征集等方式充分了解居民需求，将居民的典型意愿纳入到方案设计当中。同时，政府、专业技术人员需要建立适合本地区营建发展的公众参与模式，鼓励居民参与规划方案研究、方案选择以及方案确定的过程。

（2）鼓励居民参与聚落的营建与维护

在乡村聚落建设的过程当中，人工费用在总的投资中占有非常大的比例，所以在聚落营建过程中，鼓励本地居民参与到聚落营建与后期维护当中，发挥本地居民的主观能动性对于乡村聚落建设有着非常重要的意义。具体体现为以下几点：一是，将本地居民纳入聚落建设队伍之中可以有效节约人工成本，同时可以树立本地居民主人翁意识，无形中强化了居民对新建聚落环境的认可度，提高了居民的归属感；二是，对于技术含量较低的工作可以让更多本地居民参与，为乡村地区提供就业机会。由于本地居民对当地情况比较了解，参与工作便利，这样可以使本地居民在建设自己的家园同时学习新的工作技能，同时又大大提高了营建效率；三是，鼓励居民充分参与到聚落建设当中，有助于增加居民之间交流，增加聚落的社会凝聚力；四是，鼓励聚落中居民按照自己的喜好在自家户前进行植物种植，这样不仅丰富了聚落景观层次，同时又提高了居民对聚落空间的维护意识。

综上所述，转变传统的政府主导，专业人员推动，居民被动接受的建设模式，突出居民在聚落营建过程中的主体地位，强调与政府、居民、专业技术人员的协同合作，对于豫西黄土丘陵沟壑区新型乡村聚落景观建设有着重要的意义。

2. 周期——典型模式引导下的渐进式景观营建

我国传统的乡村聚落是经过长期历史演变，通过不断完善进化而逐步发展的。这是一种自然而缓慢的发展模式，这种发展模式与聚落所处的自然环境以及居民的生活需求息息相关。虽然，缓慢发展的传统聚落已无法应对时代发展的需求，但是快速推进的乡村建设，尽管可以很快呈现建设成果，却给乡村地区带来了高投入、高维护的经济压力。面对此种发展与投入之间的矛盾，我们可以向传统学习，采取"渐进式"的景观营建，适当"减缓"速率，通过规划合理调控与控制聚落景观建设的力度与重点，尊重聚落发展的自然进化周期，动态考虑乡村景观的发展变化，为聚落景观自身演进发展提供空间可能。

营建过程中，专业人员可仅对聚落中必须干预的部分进行统一建设，例如：基础设施、住宅建筑等，然后截取聚落个别组团进行典型模式的营建示范，通过典型模式引导聚落居民自建其他区域，充分发挥居民自建的主观能动性。同时，专业人员应根据不同组团的具体情况在整体规划的宏观控制下对其进行微观调整，使其根据自身情况阶段式进行聚落景观环境营建。这样一来，不仅保证了新型乡村聚落景观营建的整体统一性，又体现了乡村景观的生活性、灵活性与多样性特征，同时大大减少了豫西黄土丘陵沟壑区新型乡村聚落景观的一次性资金投入，缓解了乡村聚落的建设压力。

"典型模式引导下的渐进式景观营建"是动态发展、逐步完善的景观营建方式，在保证聚落建设有序性和安全性的前提下，给予了居民最大限度的景观环境营建自由度，这对于传统聚落营建文化的延续具有积极的保护与推动作用。

3. 发展——经济价值自我提升的永续发展模式

豫西黄土丘陵沟壑区新型乡村聚落建设资金有限，大部分聚落本身很难承受高额的基础建设费用，这就使得聚落在景观环境建设方面能省则省。这也是现阶段很多已建成的聚落景观环境变得毫无生机的主要原因。外部的资助是有限的，豫西黄土丘陵沟壑区的新型乡村聚落景观营建不能单方面依靠政府或者外部的援助。所以，聚落景观的营建与发展必须与聚落的整体产业发展形成联动，提升聚落景观自身的经济价值并创造经济效益，补贴聚落景观营建与后期维护的支出，这是豫西黄土丘陵沟壑地区新型乡村聚落景观建设可持续发展的必然出路。我们在设计阶段应遵循如下原则：

（1）结合区域生态建设创造投资环境

将豫西黄土丘陵沟壑区新型乡村聚落景观营建与豫西地区生态环境建设相结合，建立起人工建设与自然环境之间的联系，将外围景观资源最大限度地引入聚落内部，使得聚落内部植物群落与聚落外部生态群落联动发展，从而完善区域生态结构，丰富生态群落层次与活动空间，改善提升区域的生态效益及区域景观的综合价值，创造出良好的生态投资环境，带动周边土地价值提升，吸引投资，形成良性的循环。

（2）结合聚落产业发展提升自我价值

聚落景观环境的建设结合产业发展需求，形成特色景观，吸引人气与投资，会对聚落产业的发展起到极大的推动作用。通过景观营建产生的附加效益反哺聚落景观环境的维护，是降低豫西黄土丘陵沟壑区新型乡村聚落景观营建与维护成本的重要手段，主要体现在以下三个方面：第一，通过聚落景观营建，打造丰富的聚落公共空间，结合乡村旅游业引入相应商业设施，创造经济价值；第二，结合聚落农业生产，在聚落中种植经济作物，形成独特的生产性景观，这样既可以丰富聚落的景观层次也可以产生一定经济效益；第三，通过景观设施有效地收集雨水，充分利用雨水资源，可以缓解聚落居民在旱季生产用水不足的状况，又能补充聚落内部景观的维护用水，节约维护成本。

5.3 豫西黄土丘陵沟壑区新型乡村聚落景观规划设计方法

5.3.1 "地域认知"——提取景观要素把握地域特征

1. 分析基底自然特征

豫西黄土丘陵沟壑区的自然环境是该区域人居环境建设的本底，该区域的地势地貌、气候特征、植物种植规律等因素对该区域新型乡村聚落的景观表达也起着非常重要的控制作用。因此，豫西黄土丘陵沟壑区新型乡村聚落景观规划设计首先要对自然要素进行提炼，分析其特征规律并合理组织，打造出符合现代乡村聚落生产生活需求的景观空间载体。自然要素的提炼并不是单纯的要素特征提炼，而是在符合当地自然环境演变规律的基础上，将自然要素通过合理化利用或改良改造，使之成为满足现代乡村生产生活需求的景观空间载体或者具有本土特色的景观空间单元。

2. 梳理本土风貌特色

风貌特色是本地居民受到自然、社会及历史的影响，通过依附自然，改造自然而逐步形成的本土独特的生活习惯、生产习惯、建造习惯以及审美标准等物质与非物质特色的综合表现，对于乡村景观的形成具有较强的约束性。因此，豫西黄土丘陵沟壑区新型乡村聚落景观规划在设计初期通过对本土风貌特色的分类梳理，总结特征规律，明确优化传承要点，对于豫西黄土丘陵沟壑区新型乡村聚落景观建设有着很好的引导性与约束性。

3. 契合现代农业发展

随着新型城镇化进程的加快以及现代农业的飞速发展，豫西黄土丘陵沟壑区内"粗放式"的农业生产已经无法满足现代乡村生活与生计的基本需求。现代化的生产方式与出行方式，直接冲击了传统的产业经济结构，对乡村聚落景观格局与空间形态也产生了直接的影响。因此，豫西黄土丘陵沟壑区新型乡村聚落的景观规划应充分考虑新型乡村聚落现代农业产业发展需求、乡村第三产业发展趋势，使现代农业景观与新型乡村聚落产生良性的互动。

5.3.2 "交叉融合"——组织景观要素建构景观空间

1. 自然要素的改造与利用

（1）场地形态契合自然肌理

对于场地的设计方式也决定了场地的最终形态，直接影响着景观所呈现出来的基本形式。场地中的每一寸土地都受自然地理条件的制约，在地貌特征突出的豫西黄土丘陵沟壑区更是如此。因此，豫西黄土丘陵沟壑区新型乡村聚落的景观设计应在把握自然地理特征的基础上，通过设计的干预，在保证建设需求和顺应自然肌理的前提下，因势利导，整合破碎的用地，将不利因素通过设计手段进行转化，尽可能地利用场地原有的条件，如肌理、地貌、生态环境等。在满足未来社区生产生活需求的前提下，最大限度保留原有地貌，以最小的干预方式进行场地形态的改造，尽可能地减少土方消耗。这样不仅节约了成本，还对大地景观及原有的地方文化起到了保护的作用。

（2）雨水资源的合理化利用

降雨是自然界水资源循环的重要环节。降雨对地区气候调节、生态水源涵养均起到重要的作用。在景观的维护中水的消耗占据了成本的绝大部分，如何有效地解决取水与节水的途径是现代景观营建与维护重要的研究热点。根据美国环境保护署的测算数据显示，未经开发的自然地表在降雨过程中，约50%的雨水会渗透进土地之中，约10%会形成地表径流，而开发之后，表面硬化超过75%时，仅仅只有15%会渗透至土地之中，水资源流失率高达55%以上。所以，充分利用雨水资源是降低景观维护费用及实现可持续发展的有效途径（图5-3）。

黄土沟壑区是黄土高原地区水土流失最为严重的地区。该区域地貌独特，坡陡沟深、土质疏松、干旱少雨、雨季集中且多暴雨，根据调查显示，该区域60%～70%的降水集中在夏秋两季，且在一些极端的情况下，全年80%左右的降水可以在极短的时间内完成，极易形成洪涝灾害。雨水作为该区域的非常规水资源非常宝贵，如何有效蓄集利用天然雨水资源也是该区域自古以来乡村聚落生存发展需要解决的关键问题。黄土沟壑区地形地貌复杂，如果利用现代化的水利工程以抽水灌溉的方式进行景观培育，工程耗费极大，而且管网式、工程化的雨水管理与疏导方法也会直接造成天然雨水资源的过度浪费。所以，利用雨水资源发展节水景观是该区域新型乡村聚落景观建设的重要内容。

（a）宅前雨水种植池 （b）社区雨水利用式景观

图5-3　洛杉矶社区雨水利用景观设计

根据其流域完整性和降雨量指标为依据，相关学者将黄土高原划分为6个空间区域，黄土沟壑区主要分布在黄土高原的中部及东南部地区，分别属于Ⅰ区、Ⅱ区以及Ⅲ区。黄土沟壑区除局部沿河的小流域平原地区水资源相对丰富以外，绝大部分地区水资源贫瘠，由于黄土层较厚所以地下水资源也非常难以利用。根据相关研究显示黄土高原雨水资源呈现由东南向西北逐渐递减的趋势。黄土沟壑区属于黄土高原雨水资源相对丰富的区域，其中Ⅰ区年平均可利用雨水资源大于120mm，Ⅱ区和Ⅲ区的年平均可利用的雨水资源大于210mm。

雨水是黄土丘陵沟壑区珍贵的天然水资源，根据山西省水土保持科学研究所在晋西黄土丘陵沟壑区进行的数据测定结果显示：平均5°~6°的山区道路，每百平方米产生的年径流量约为6~8m³，通过换算可以估算每平方公里的年径流量可以达到约600~800m³，由此可见黄土丘陵沟壑区每年道路流失雨水量也是相当可观的（表5-4）。①

黄土高原各子区域雨水资源化潜力及其构成 表5-4

子区域编号	A_1 (10⁴km²)	雨水资源化潜力		地表径流量		ΔR/RWHP (%)	土壤有效水量		ΔS/RWHP (%)
		RWHP (mm)	RWHP (10⁸m³)	ΔR (mm)	ΔR (10⁸m³)		ΔS (mm)	ΔS (10⁸m³)	
Ⅰ区	13.60	118.16	160.70	40.94	55.68	34.65	77.22	105.02	65.35
Ⅱ区	13.72	152.93	209.82	65.04	89.23	42.53	87.89	120.59	57.47
Ⅲ区	9.37	173.61	162.67	72.11	67.57	41.54	101.49	95.10	58.46
Ⅳ区	6.24	61.68	38.49	17.68	11.03	28.66	44.00	27.46	71.34
Ⅴ区	17.52	79.18	138.72	34.17	59.87	43.15	45.01	78.85	56.85
Ⅵ区	3.71	55.78	20.69	13.51	5.01	24.22	42.27	15.68	75.78
全区	64.16	114.34	731.09	45.26	288.39	39.58	69.08	441.71	60.42

（3）自然做功低技节能

自然界是一个完整的能量循环圈，每一个自然要素在这个循环圈中都起着重要的作用，尤其在乡村地区与自然接触的更为紧密。因此，充分的研究地区自然做功的过程，最大限度地利用自然界的能源如：太阳能、风能等可持续能源，减少非再生能源的利用，使新型乡村聚落景观在地域自然环境中能够有机融合并和谐发展，也是降低新型乡村聚落景观维护成本、能源成本的重要手段（图5-4）。

① 张宝庆，吴普特，赵西宁，王玉宝. 黄土高原雨水资源化潜力与时空分布特征［J］. 排灌机械工程学报，2013（07）：641.

2. 风貌特色的低成本营建

风景园林最后的面貌与材料的选择有着非常重要的关系。同样，材料本身也是决定风景园林建设成本投入大小的重要因素，其成本在整个风景园林建设投入中占据了非常大的比重。面对黄土丘陵沟壑区新型乡村聚落的景观环境营建，由于资金投入有限，不可能投入大量的资金用于昂贵材料的采购，所以对于风景园林设计人员来说如何在节约的前提下进行设计营建，同时又能保证最终风貌效果就成了我们必须面对和解决的问题。

（1）废旧材料的充分利用

在豫西黄土丘陵沟壑区传统的乡村聚落中，随着聚落的发展，会产生大量的被人们丢弃的材料，例如废弃房屋遗留的木头、砖、瓦以及现代生活中已不再使用的传统生活器具如石磨、饮马槽等。通过对废旧材料的充分利用，不仅可以有效地降低豫西黄土丘陵沟壑区新型乡村聚落景观营建的材料成本，还可以省去废旧材料的处理费用以及降低对环境的影响，又能在新的聚落景观中唤起曾经的聚落记忆（图5-5，图5-6）。

图5-4　马德里垂直花园与城市的关系

图5-5　利用废旧石器形成的乡村景观小品　　图5-6　利用废旧瓦片形成的景观铺装肌理

（2）废旧材料的科学分类

豫西黄土丘陵沟壑区新型乡村聚落景观建设中，废旧材料必须进行分类整合，针对不同的材料提出不同的使用策略，做到物尽所用，从而真正达到低碳节材的目的。根据废旧材料的类型与来源可将其分为植物废弃材料、土建废弃材料、生活废弃材料三大类，并针对不同的材料类型提出相应的利用方式。

3. 自然、人文与生产的交叉共生

根据聚落的规划布局可以将生产活动适当与聚落的景观营建相结合，打造新型乡村聚落生产生活一体化空间，突出乡村聚落景观生活与生产紧密结合的特点，把该区域的新型乡村聚落建设得更像本土聚落（图5-7，图5-8）。

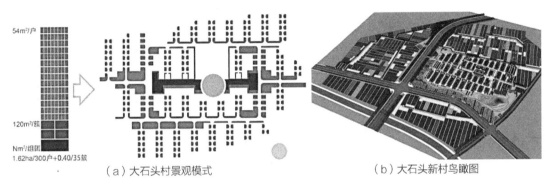

（a）大石头村景观模式　　　　　　　　　（b）大石头新村鸟瞰图

图5-7　大石头新村的节地模式分析

图5-8　大石头新村景观透视图

5.3.3 "本土营造"——传承要素内涵延续人文记忆

豫西黄土丘陵沟壑区新型乡村聚落景观的规划设计是在保护地域特征完整性的基础上，针对已经无法满足现代生活需求的聚落景观进行的更新设计，所以豫西黄土丘陵沟壑区的乡村景观营建是保护和更新共同作用的过程。因此，该区域新型乡村聚落景观营建应在学习传统优秀经验、延续历史记忆、保证空间风貌特色的基础上，平衡传统与现代之间的矛盾，实现聚落景观空间自然、人文、经济的三重价值。

面对豫西黄土丘陵沟壑区新型乡村聚落的景观营建，首先要充分调查和研究建设区域的自然地理特征，提取可利用的自然元素，在保护自然生态的基础上，确定聚落营建与自然环境有机融合的切入点，充分利用自然特征架构聚落基本的生态空间骨架，使新建聚落能够有机融合到自然化境中，达到不突兀、轻干扰的效果。除此之外，还应充分调查研究聚落的风土民俗及建筑特征，提炼空间设计元素，结合现代生产生活的需求，从建筑及公共空间的使用入手，重点调节聚落空间肌理，在保证聚落风貌连贯的基础上确定用地功能，并在传承地域建筑特点的基础上对聚落中的建筑进行满足现代生产生活需求的设计更新。

（1）针对聚落中的建筑进行分类，如生产建筑、生活建筑等，确定不同类型建筑在聚落中所占的比例。

（2）梳理聚落发展的历史脉络，针对聚落特定的历史空间、历史建筑提出有针对性的，一对一的保护与更新策略，并根据时代需求赋予其新的功能，寻求历史记忆与现代生活需求之间的平衡点。

（3）提取不同类型的建筑特征元素，制定相应的单体设计控制导则，具体到功能、造型、色彩、材质等方面。

（4）根据调查研究确定新型乡村聚落建设需要学习并延续的传统精髓，明确需要改良更新的部分，把握文化习俗并结合建筑类型及设计导则对聚落建筑进行改良性设计。

5.4 豫西黄土丘陵沟壑区新型乡村聚落景观规划设计导则要点

5.4.1 新型乡村聚落景观规划设计的指导思想

1. 依托自然本底架构聚落景观空间格局

在充分研究自然本底特征的基础上，判定景观规划、建设及未来发展过程中具有关键意义的格局模式，重视地形变化随形就势，尽量少破坏地形地貌，充分依托自然景观网络的基本格局，将瓶颈廊道打通，提升生态廊道空间的景观品质。

2. 充分利用可持续材料及生态节能技术

从景观要素入手，通过设计整合运用当地本土元素，利用自然做功，实现景观设计的减量、再用以及再生需求，从而实现豫西黄土丘陵沟壑区新型乡村聚落景观的可持续发展需求。

3. 构建地区新型乡村聚落经济型景观体系

以经济性为原则，通过直观和低成本的表达方式进行景观环境塑造。同时通过景观的使用及体验，强化公众的可持续发展理念，构建地区新型乡村聚落经济型景观体系。

5.4.2 新型乡村聚落景观规划设计的控制内容

1. 场地形态塑造

（1）场地契合自然肌理

场地设计借鉴该地貌特色下传统聚落营建经验，通过低干预的设计手法，以整合改造作为设计切入点，把握场地自然肌理结构特征，在满足建设需求的前提下，最大限度地保留场地原有肌理，合理地平整土地，有填有挖，降低土方成本，使场地能够和谐融入自然环境当中。场地设计还应充分考虑水土流失的规律，及该区域自然气候规律，为后续的雨水利用提供空间平台，最终形成具有地域特色的豫西黄土丘陵沟壑区新型乡村聚落场地形态。

（2）划定景观安全范围

豫西黄土丘陵沟壑区在暴雨季，多发生滑坡等自然灾害，因此豫西黄土丘陵沟壑区新型乡村聚落的场地设计，必须进行工程适宜性评价，针对不同高差的场地合理地划定工程及景观安全建设用地范围。对基底内部不可避免的坎崖高差，在满足经济性、实用性、低技术、低维护要求的前提下提出合理且具有乡村美学价值的工程加固方式，丰富场地形态。根据建筑日照要求，具体建筑控制线与场地内部坎崖必须确保有充足的间距，以满足坎崖下建筑的日照要求。

（3）合理组织道路竖向

道路交通的便捷性，直接影响着场地土地利用的程度，合理组织聚落内部交通体系也是豫西黄土丘陵沟壑区新型乡村聚落场地设计的重要内容。具体策略如下：

1）面对现代化的出行方式，结合场地形态，充分利用原有道路。

2）结合聚落内部场地高差，合理设定道路坡度，通过竖向设计为社区后期雨水收集提供便利。

3）人行交通、车行交通合理分布，根据等高线走势形成聚落内部主体环路，结合高差变化趋势，顺应对接不同高差的建设用地。

4）合理确定聚落内部道路等级，在满足现代出行、生产、消防、救护要求的前提下，尽可能地增加道路绿化空间，节约土地建设成本。

2. 雨水资源利用

（1）引导场地雨水流向

考虑到汽车交通的影响因素，多数新建社区路面铺装多为非透水性铺装，由于黄土沟壑区地形高差大，道路易形成较高流速的地表径流，这就加速了雨水资源的直接流失。因此，社区内部场地应结合竖向设计对雨水进行有目的地引流，减少道路雨水流失；场地铺装应以透水性铺装为主，降低道路两侧标高，将雨水引流汇集至场地内标高相对较低的区域进行收集储存；应丰富场地植物层次，过滤雨水中的杂质；应设计喷淋装置，在旱季将储存的雨水抽出用于社区景观的养护。

（2）加强建筑雨水收集

建筑是新型农村社区中主要的景观元素，其屋顶以及墙面是雨水主要的接触面，也是雨水形成径流转移的物质依托，所以对建筑及其周边场地通过景观设计进行雨水收集尤为重要。新型农村社区的建筑屋顶及墙面应结合景观设计考虑雨水汇集路径，依托建筑造型融入雨水收集设施，对建筑周边场地通过景观干预的手法有导向性地进行雨水引流，通过植物、土壤以及砂石对雨水进行过滤、渗透并收集。

（3）结合组团景观进行雨水蓄集

根据社区规划的景观结构，设计一系列如雨水种植沟（池）等景观设施，适当降低组团中心公共场地标高，形成组团中心集雨场地。在中心集雨场地下挖水窖，用于汇集并储存来自于组团内部的宅间雨水以及组团相邻的外围道路雨水，并设置喷淋装置用于旱季景观维护。结合植物种植设计辅以形成相关功能场地、游憩步道使组团中心集雨场地兼具组团中心水景功能，打造出组团生态景观。

3. 低技生态节能

（1）清洁能源

合理规划社区电网，减少不必要的能源浪费；通过普及节能设备例如LED照明设施等降低外部空间设施能量消耗；充分发挥豫西黄土丘陵沟壑区风能和太阳能资源，通过被动式节能设计手法在景观规划设计及建筑设计中为清洁能源使用提供空间载体。

（2）生态节能

结合豫西黄土丘陵沟壑区自然地理特征及气候特征，因地制宜地围合组团院落，根据风向确定入口位置，科学搭配本土植物，完善组团生态系统，利用自然调节组团微环境，从而达到降低能耗的目的；通过屋顶花园、墙面垂直绿化等手法，对聚落建筑形成生态植被保温隔热层，从而调节建筑内部热舒适度，降低建筑制冷制热设备所带来的能源消耗。

4．风貌特色控制

（1）要素提取

从自然要素、风貌要素以及生产要素三大类型入手进行调研并提炼相关设计要素；自然要素主要包括：气候、地势地貌、特色植被、水体等方面。风貌要素主要从物质、非物质以及色彩三个方面进行梳理梳理总结，其中物质要素主要针对黄土丘陵沟壑区传统聚落建筑、空间特征、院落特征、装饰要素等方面进行提炼，非物质要素主要是针对聚落传统的生活习俗、饮食文化等方面进行提取；色彩要素是在综合聚落物质要素及非物质要素的基础上，进行色彩提纯，提取地域常用色。生产要素主要包括产业类型、特色产业等方面（表5-5～表5-9）。

豫西黄土丘陵沟壑区新型乡村聚落风貌要素分类提炼表　　　　表5-5

类型		内容
自然要素		地势地貌、环境资源、可利用自然资源、气候特征
风貌要素	物质风貌要素	建筑屋顶、建筑墙体、建筑细部、建筑院落、铺装等
	非物质风貌要素	民俗、饮食、服饰、民间艺术等
	色彩风貌要素	环境色彩、服饰色彩、建筑色彩、民俗色彩等
生产要素		产业类型、工程设施、特色产业

豫西黄土丘陵沟壑区砖墙砌筑的艺术形式参考　　　　表5-6

名称	砌筑方式	艺术形式
平砖顺砌（错缝1/2）		
平砖顺砌（错缝1/4）	七分头	

名称	砌筑方式	艺术形式
平砖顺砌（隔层砍半砖）		
平砖顺砌(青砖包红砖)		
满丁满跑		
梅花丁		
两平一侧（18墙）		

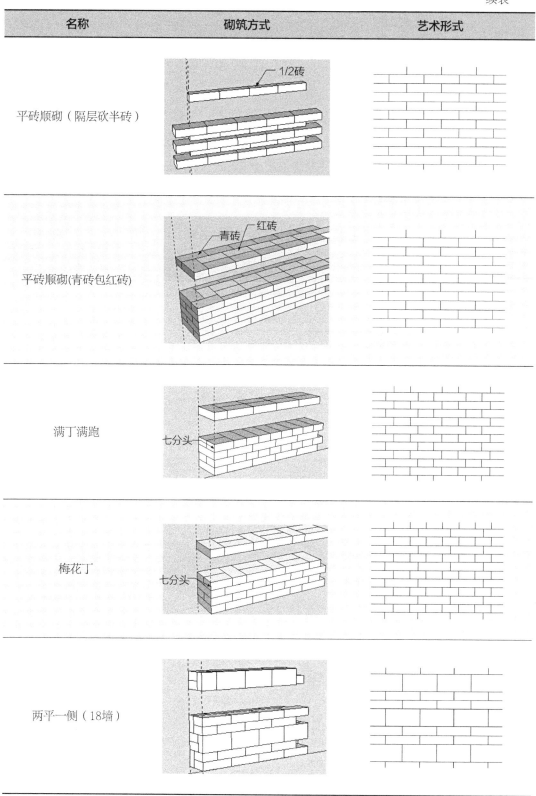

名称	砌筑方式	艺术形式
两平一侧（30墙）		
多层一丁（顺砖）		
多层一丁（漂砖）		
多层一甃		
一眠多斗		

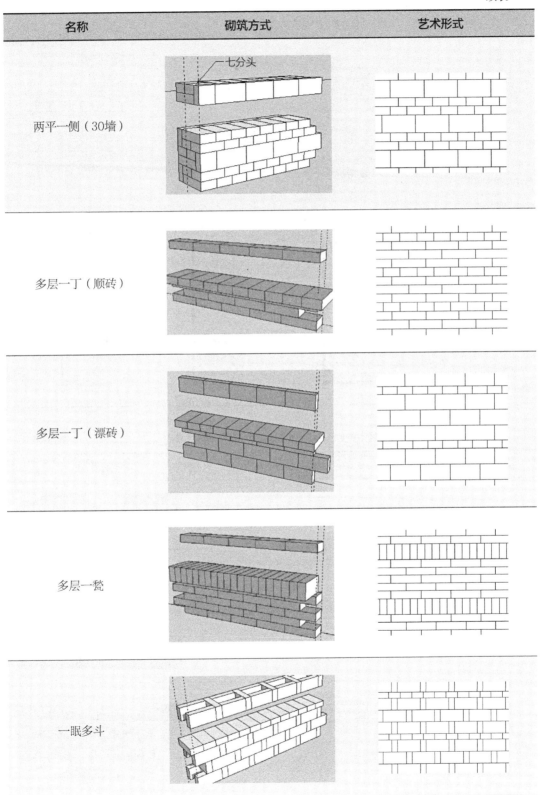

名称	砌筑方式	艺术形式
无眠空斗	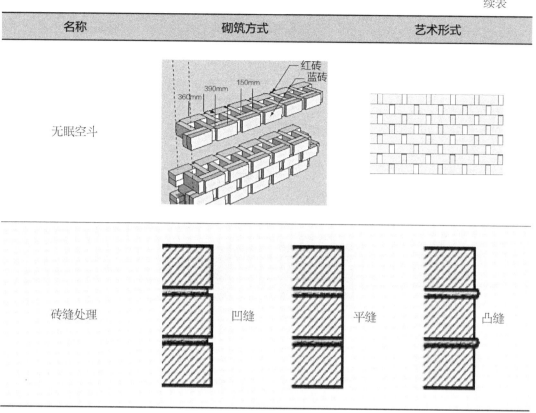	
砖缝处理	凹缝　　　　平缝　　　　凸缝	

豫西黄土丘陵沟壑区花墙砌筑艺术形式参考　　　　表5-7

类型	高度	砌筑方式	艺术形式
正十字型	9皮砖	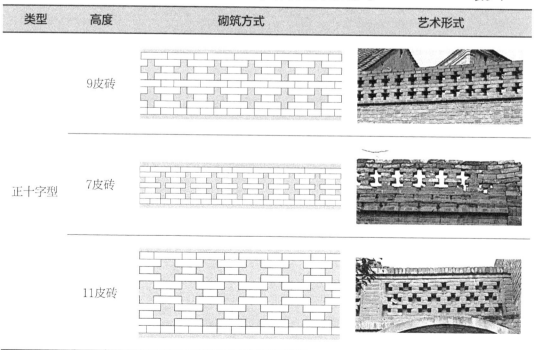	
	7皮砖		
	11皮砖		

续表

类型	高度	砌筑方式	艺术形式
正十字型	12皮砖		
	8皮砖		
	10皮砖		
长十字型	11皮砖		
	6皮砖		
	10皮砖		
其他花型	7皮砖		

续表

类型	高度	砌筑方式	艺术形式
其他花型	8皮砖		
	11皮砖		
	12皮砖		
	17皮砖		

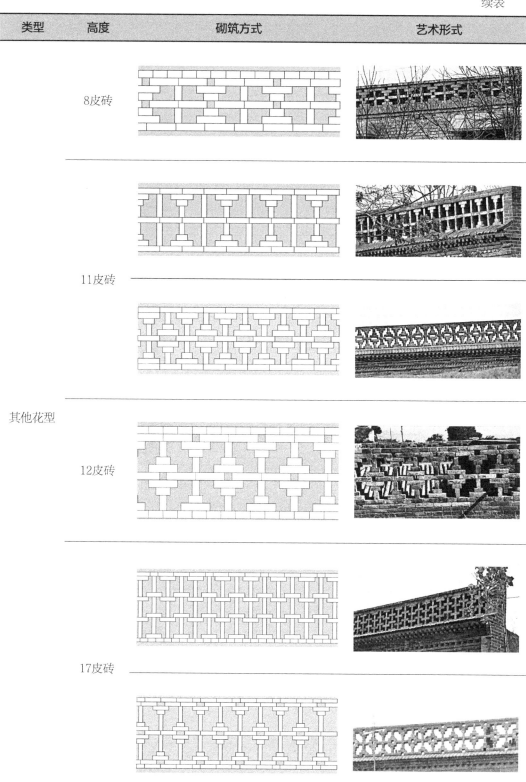

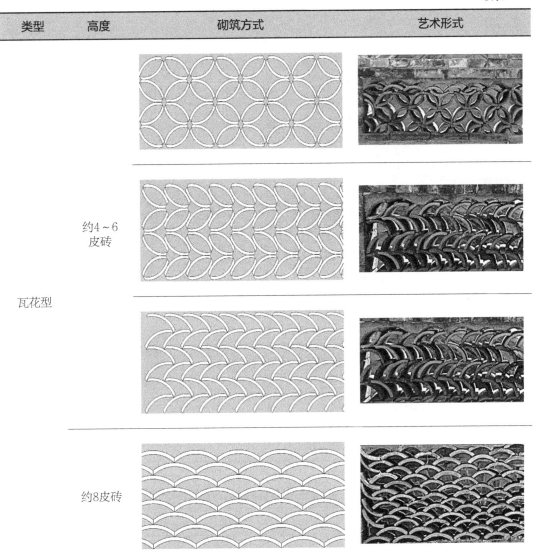

类型	高度	砌筑方式	艺术形式
瓦花型	约4～6皮砖		
	约8皮砖		

豫西黄土丘陵沟壑区院落铺地砌筑方式和艺术形式参考　　　　　　表5-8

名称	砌筑方式	名称	砌筑方式
席子纹		人字纹	

名称	砌筑方式	名称	砌筑方式
子锦纹		一顺一横	
条砖十字纹		方砖十字纹	
方砖平墁		方砖斜墁	

豫西黄土丘陵沟壑区聚落街巷铺地砌筑方式和艺术形式参考　　表5-9

名称	砌筑方式	名称	砌筑方式
青石板（条）		青石板（方）	
卵石地面		毛石地面	

名称	砌筑方式	名称	砌筑方式
砖石结合		碎石路	
外石内砖		条石顺砌	
方条相间		卵条相间	

（2）本土材料

充分利用本土材料，降低材料成本；通过低技术手段对材料进行设计改良，提高其空间适用性以及美学价值，强化居民的文化认同感及地域归属感；合理地利用废弃材料，将建设场地内的废旧材料分为三大类，即：植物废弃材料、土建废旧材料以及生活废旧材料，降低环境污染及场地垃圾清运成本。可降解材料例如植物的枯叶、树皮等可当作肥料以用于聚落植物养护，不可降解的材料可以通过设计手段变废为宝（表5-10）。

（3）建筑设计

豫西黄土丘陵沟壑区地形复杂，因山就势、随形造势是建筑设计应该遵循的基本原则；整体建筑风格以豫陕建筑风格为设计控制元素，打造建筑、山体、植被自然和谐共生的新型农村聚落空间场所；建筑主体色彩以地域本土色彩为主，应与所处的环境协调，突出屋顶肌理关系；在建筑入口、入口墙面、门厅、院内装饰带有豫西韵味的装饰，如抱鼓石、灯笼等，强调空间的精细化设计。

废旧材料利用方式表　　　　　　　　　表5-10

材料类型		处理意见	新的功能
植物废弃材料	枝叶、淤泥、朽木等	堆肥处理	植物养护的肥料
土建废旧材料	砖、瓦、石材、木材、混凝土块等	改造利用	铺地、再生砖、作为地形处理基层等
生活废旧材料	磨盘、上马石、破旧的生活器皿、报废的轮胎等	改造利用	景观设施、景观构筑物等

（4）本土植物

豫西黄土丘陵沟壑区新型乡村聚落景观规划设计应充分利用本土植物，降低营建成本。具体策略如下：

1）将本土植物分为：生态植被、农业作物、经济作物、行道植物以及庭院植物五大类，形成社区植物要素构成表，明确各类植物的生长特点及景观作用。

2）根据社区不同区域景观建设的功能需求，结合调研分析整理的社区植物要素构成表，遵循适地适树的原则，配置与之相适应的植物，确保不同区域的植物之间生态循环的畅通。

3）结合生态基础设施建设，加强雨水收集，降低植物的维护及更新成本（表5-11）。

豫西黄土丘陵沟壑区适生植物参考表　　　　　　　　　表5-11

类型	名称
常绿乔灌木	刺柏、枇杷、大叶女贞、油松、侧柏、黄杨、石楠、桂花、雪松、夹竹桃、栀子、海桐……
落叶乔灌木	国槐、香椿、刺槐、合欢、水杉、榆树、梧桐、毛白杨、皂荚树、吴柏、桑树、元宝枫、丁香、迎春花……
藤本植物	常春藤、月季花、丝瓜、紫藤……
乡土野草	狗牙根、狗尾草……
水生植物	芦苇、水葱、莲藕、菖蒲……
经济作物	花椒、核桃、烟草

5.4.3　成果要求

豫西黄土丘陵沟壑区新型乡村聚落景观规划设计应根据自身特点，针对新型乡村聚落生态、生产、生活三大系统的改善与更新有针对性地完成如下基本内容的编制工作：

（1）规划背景、策略、原则以及依据。

（2）基地特色要素分析提炼。

（3）区域环境资源评价。

（4）景观发展动力分析（产业层面）。

（5）场地形态规划设计。

（6）场地交通及竖向规划。

（7）雨水资源化利用方式方法。

（8）本土材料景观化应用方式方法。

（9）本土植物合理化配置建议。

（10）建筑风格传承更新控制（色彩、造型、新技术应用）。

（11）重点节点乡村风情景观塑造。

实践探索：三门峡高庙乡新型农村社区景观规划设计

　　为落实2011年10月河南省第九次党代会提出的"加快推进新型城镇化建设，促进三化——工业化、城镇化、农业现代化"协调发展新战略，促进河南省新型农村社区样板工程的科学规划与有序建设，示范豫西地区新型农村社区协调发展新模式，塑造豫西地区新乡土建筑地域文化特色，引导地区乡村人居环境集约化跨越式大发展的战略要求，西安建筑科技大学弱势群体人居环境工程技术研究所组建项目团队开始了对豫西黄土丘陵沟壑区新型乡村聚落营建的专题研究，项目组通过乡（镇）域考察、唐洼古村落调研、项目基地调研、政府座谈会、村民代表座谈会、5个新型农村社区样板项目考察，详细调研了河南省新型乡村聚落建设情况。结合三门峡市湖滨区高庙乡典型的地理特征，将其确定为本研究的示范基地（下称"基地"），对其新型乡村社区的中心区进行了规划设计研究。

6.1　基地现状信息提取

6.1.1　基地景观要素提取

1. 基地自然地景特征

　　高庙乡新型农村社区选址位于三门峡市区东北部10km处，东距三门峡大坝约

2km，北侧毗邻沿黄公路，与黄河三门峡库区隔路相望。高庙乡属豫西典型黄土沟壑区，全乡域地势南高北低，山岭起伏，沟壑纵横，村庄分散；常年干旱少雨，河道风大；乡域国土总面积约60km²，其中耕地总面积3350亩（70%为坡耕地）。由于断坎、深沟以及三门峡大坝铁路专用线（以下简称铁路专线）的分割，基地整体被划分为北部、中部与南部三部分。基地北部用地自然地形地貌较复杂，沟坎交错，用地割裂不完整，断坎崖体平行沿黄公路贯穿于规划用地北侧，坎缘据沿黄公路最窄处约20m，最宽处约180m，坎体上下高差约20m。自沿黄公路起南北纵深方向分布有四条深沟，沟深约30m。其中两条长沟为用地东、西边界，沟长约430～520m，两条短沟沟长160～180m，再次分割长沟之间的用地，基地中部用地形态相对完整，整体地势呈南高北低，高差明显（图6-1，图6-2）。

图6-1　黄河文化

图6-2　高庙社区现状实景

2. 基地社会生产特征

（1）人口现状

高庙乡下辖九个行政村，77个自然村，总人口约1.24万人，总户数约3100户。行政村包括大安村、小安村、位家沟村、羊虎山村、黄底村、王家岭村、侯村、李家坡村、穴子仓村。

基地中现状总人口约1822人，其中常住村民约450人，120户；政府相关机构通勤人口约70人；企业单位通勤人口约326人；高庙乡中学学生人数459人，教职工34人；高庙乡小学学生人数270人，教职工50人；高庙乡幼儿园学生人数115人，教职工12人；医院职工人数约16人；其他服务业通勤人口20人。

（2）经济发展现状

基地村民平均年收入约4000元。大部分村民主要经济收入来源于农业生产，少部分村民还从事第三产业经营。该地区农业生产以种植粮食作物为主，结合黄土丘陵沟壑地貌，居民修建了大量的梯田。基地被梯田包围，呈现出极具地方特色的生产性大地景观。山体丘陵上不适宜种植粮食作物，居民结合生态修复，在丘陵山体上种植了大量的经济作物（以花椒为主），形成了经济性山体植被。居民还利用丘陵山体中空废窑洞进行畜牧饲养（以绵羊为主），畜牧户年收益在5万～20万元之间（图6-3，表6-1）。

图6-3　羊圈及农田

高庙乡行政村人口、耕地及人居收入统计表　　表6-1

村名	户数	人口（人）	耕地面积（亩）	人均纯收入（元）	村民组（个）
小安	532	2040	3952	4350	12
位家沟	315	1139	3032	3897	7
羊虎山	298	1124	3244	4129	7
黄底	260	1042	2518	4300	5
王家岭	280	1120	4646	4180	10
侯村	326	1477	5089	3657	10
李家坡	357	1528	3756	3774	9
穴子仓	340	1355	4111	4080	9
大安	390	1593	2157	4400	8
合计	3098	12418	32505	4072	77

3. 基地风貌特征提炼

传统乡村聚落建设是基于场地条件下，自发进行的建设活动，呈现出时间跨度大，建设进度缓慢的特点。聚落中风貌要素信息量庞大繁杂，所以盲目地提取信息会大大降低工作效率。因此，课题组根据聚落的特点将要素信息分为物质要素、非物质要素以及色彩要素三大类，其中物质要素主要针对黄土丘陵沟壑区传统聚落建筑、空间特征、院落特征、装饰要素等方面进行提炼，为新型乡村聚落的空间环境建设以及传统文化特色的保护提供设计依据。非物质要素主要是针对聚落传统的生活习俗、饮食文化等方面进行提取，为后续旅游开发提供项目依据。色彩要素是在综合聚落的物质要素及非物质要素的基础上，进行色彩提纯，提取该地域的常用色，为新型乡村聚落空间环境营建提供色彩控制依据。

在风貌要素提取的过程中，课题组还重点关注了本土营建过程中建筑、场地细部的做法以及建筑与场地的关系。通过对各类要素的把握与分析，明确了新型乡村聚落建成环境需要承袭延续的部分、需要改良延续的部分以及需要被替代的部分，在后续的新型聚落景观规划过程中可通过专业的技术手段有针对性地将这些特征要素有机地融入规划设计当中，从而保证乡土风貌的本土化延续（表6-2）。

聚落风貌要素提炼表

表6-2

类型		内容	色彩要素提取	分析
物质要素	屋顶		砖红色系约50%，深灰色系约25%，青灰色系约20%，其他色系约5%	坡顶为主要屋顶形式，以1970年代为划分界限，之前屋顶多为灰瓦，之后多为红瓦，近年新建房屋出现平顶及蓝色瓦片
	墙体		砖红色系约50%，土黄色系约30%，青灰色系约15%，其他色系约5%	墙体以砖墙为主，多为一顺一丁砌筑，窑洞建筑窑脸多为砖石材质结合，部分建筑墙面呈现出粗糙的肌理
	院落		院落色彩主要为砖红色系与土黄色系为主，各占约40%，其余为绿色植物，色彩比例约为20%	院落是聚落中每户重要的公共空间，家庭入户空间围合感强，院落中多种植蔬菜等农作物
	细部		砖红色系约50%，土黄色系约40%，青灰色系约10%	瓦片和砖多用来砌筑院落的花墙或修饰建筑的檐口部分

续表

类型		内容	色彩要素提取	分析
非物质要素	饮食	 	色彩丰富	黄河大鲤鱼及花馍是该区域的特色饮食
	剪纸	 	红、蓝、黑、黄为主，色彩饱和度高	豫西剪纸历史悠久
	皮影	 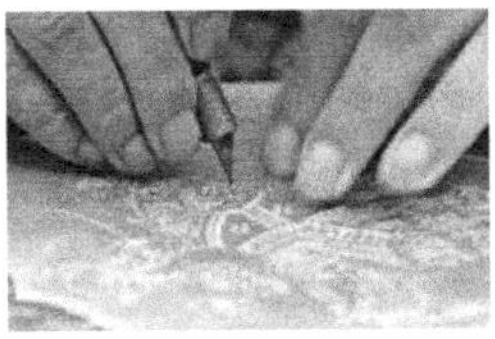	—	皮影戏是该区域乡村特色的文化娱乐活动
	社火	 	色彩丰富	豫西社火粗犷豪迈，极具地域风情

6.1.2 基地建设现状概况

1. 土地利用现状

基地现状用地有7大类、15小类。大类用地包括居住用地8.23hm²，主要指现状村民民宅建设用地，占总用地20.2%；公共设施用地3.87hm²，包括乡政府、中小学等，占总用地9.5%；生产设施用地9.99hm²，包括棉纺、煅烧等生产用地，占总用地24.5%；对外交通用地2.09hm²，包括沿黄公路用地，占总用地5.1%；道路广场用地2.49hm²，占总用地6.1%；工程设施用地0.37hm²，占总用地0.9%；水域和其他用地13.74hm²，包括奶牛、香菇等养殖种植用地以及坎坡，占总用地33.7%。现状没有公共绿地，工程设施用地下细分的小类用地构成不完整，规模不配套（表6-3）。

现状规划用地构成表 表6-3

类别代号		用地名称	用地面积		占总用地比例（%）
大类	小类		公顷（hm²）	亩	
R		居住用地	8.23	123.5	20.2
	R1	一类居住用地	8.23	123.5	20.2
C		公共设施用地	3.87	58.2	9.5
	C1	行政管理用地	0.66	10.0	1.6
	C2	教育机构用地（中小学、幼儿园）	2.27	34.1	5.6
	C4	医疗保健用地	0.17	2.6	0.4
	C5	商业设施用地	0.77	11.6	1.9
M		生产设施用地	9.99	149.9	24.5
	M2	二类工业用地	2.30	34.5	5.6
	M3	三类工业用地	7.69	115.4	18.9
T		对外交通用地	2.09	31.4	5.1
	T1	公路交通用地	0.20	3.0	0.5
	T2	其他交通用地	1.89	28.4	4.6
S		道路广场用地	2.49	37.4	6.1
	S1	道路用地	1.13	17.0	2.8
	S2	广场用地	1.36	20.4	3.3
U		工程设施用地	0.37	5.60	0.9
	U1	公用工程用地	0.37	5.60	0.9
E		水域和其他用地	13.74	206.1	33.7
	E2	农林用地	4.20	60.3	10.3
	E3	牧草和养殖用地（奶牛场）	5.40	81.0	13.2
	E6	未利用地（坎坡）	4.14	62.1	10.2
		规划总用地	40.78	612.1	100

2. 基地建设现状

基地中部是高庙乡乡政府建设用地，建有三层砖混办公楼，建筑质量一般，建筑规模现已不能满足乡政府各职能部门的功能使用要求。乡政府周边主要集聚有教育、医疗及商业设施建筑。高庙乡中学及小学建设用地合设，建有砖混教学楼、办公楼、学生宿舍、学生食堂以及建筑质量较差的老式砖混教工宿舍。高庙乡卫生院临街而建，建筑为二层砖混结构，建筑质量较差。商业设施主要是一层砖混沿街商业门店，其中零散穿插"布置"有邮政、信用社等服务业功能设施，建筑质量较差。

基地北部土地为单位用地，主要建设有各类企业单位用房，包括奶牛场、香菇厂、驾校训练场和煅烧厂，后两个企业已停产。现存建筑中存留部分为20世纪50年代三门峡水利大坝兴建时期建设的一层砖混办公建筑及宿舍建筑，建筑质量较差，现已停止使用。

基地西南角村属集体土地外租给棉纺厂、铝业公司、耐火材料厂、矿业企业等使用，企业现已停产，其建筑质量也较差。

铁路专线位于基地东南角，并设置大安站站点，现铁路线与火车站均已停止使用。

基地中部分散有四个水塔，主要用于蓄积井水，为政府等机构提供生活用水，目前仍在使用。

目前，村民民宅集中建设在基地东部和南部，建设用地布局分散，建筑形式以自建一层窑院式"窑洞+砖混建筑"为主。三门峡大坝至三门峡市的公交线路穿村而过，间隔15~30min一车次，公交站点设置在村上，公交停车场则设置在三门峡大坝坝区。该线路是村庄联系市区的唯一公共交通线路（表6-4）。

基地现状企事业单位一览表　　　　　　　　　　　表6-4

企事业单位名称	年产值（万元）	使用情况		职工（人）	占地面积（hm²）	土地权属			发展调整意向
		使用	废置			村集体土地		国有土地	
						外租	自办		
十一局三隆奶牛良种厂	2520	◆		21	35			◆	搬迁
十一局驾校训练场	废弃		◆	—	2			◆	搬迁
煅烧厂	800	◆		40	3.5			◆	搬迁
香菇厂	200	◆		50	1.2			◆	搬迁

续表

企事业单位名称	年产值（万元）	使用情况		职工（人）	占地面积（hm²）	土地权属			发展调整意向
		使用	废置			村集体土地		国有土地	
						外租	自办		
矿山管理站	—	◆		—	0.8		◆		废弃
棉纺厂	2000	◆		120	2.5		◆		搬迁
豫安耐火厂	600	◆		30	2		◆		搬迁
恒丰矿业	3000	◆		45	1	◆			搬迁
华电铝业公司	2000	◆		20	1	◆			搬迁
乡政府	—	◆		70				◆	调整用地

3. 基地公共设施现状

基地内现有乡小学、中学和幼儿园各一所，乡卫生院一个，乡政府相关部门行政办公机构一套，大安街沿街两侧商业门店若干，社区服务站一个，储蓄所一个。公共设施配套不完整，规模不适用，布局不合理（表6-5）。

现状公共设施一览表　　　　　　　　　　　　　　表6-5

项目	位置	建筑面积（m²）	占地面积（hm²）	年级（个）	班级（班）	床位（个）	职工（人）	学生（人）
高庙乡小学	大安街	1710	0.25	6	12	227	50	270
高庙乡中学	大安街	6972.7	2	3	10	360	34	459
高庙乡幼儿园	大安街	900	0.1	3	6	115	12	115
高庙乡卫生院	大安街	460	0.4	—	—	20	16	—
高庙乡政府	大安街	800	—					
商业服务业	大安街	3000					70	
集贸市场	大安街	—						
社区服务站	大安街	—						
储蓄所	大安街	300	—	—	—	—	6	—

4. 基地交通及绿化现状

对外交通包括作为用地北界的沿黄公路基底段，总长约410m，以及穿越基地东南角、长约610m的废弃铁路专线基底段。基地内部现状有两主一次南北纵向道路，两条东西横向道路以及部分尽端路，道路路面宽4~9m。道路为水泥或沥青路面、人车混行，有1处公交汽车站设置在大安街，道路周边没有公共停车场地。基地内有几十棵50年以上大树，集中分布在十一局驾校训练场及铁路专线附近。现状没有公共绿地。

5. 基地工程设施现状

基地工程设施现状较差，没有给排水设施，自打井提供部分生活用水；有一处变电站，有宽带网络，但未入户；其他相关公用工程设施未配置；整体功能不完整，规模等级不适用未来建设发展需要；公厕、垃圾站、环卫站等设施规模等级较低，没有设置消防等防灾设施（表6-6）。

现状工程设施一览表 　　　　　　　　　　表6-6

项目	位置	建筑面积（m²）	占地面积（hm²）	个数（个）	职工（人）
公厕	大安街	—	—	—	—
垃圾站	大安街	—	—	—	—
环卫站	乡政府内部	—	—	—	—
变电站	大安街	90	0.15	—	10
通信（宽带网）	大安街	—	—	—	2

6.1.3 居民建设意愿调查

1. 调查的必要性

居民是高庙社区建成后的受众主体，居民应当具有参与其中的权利。新型乡村聚落景观环境的建设最终是要与聚落中的居民的行为活动产生呼应。通过居民建设意愿调查有助于专业人员从生活的第一视角入手，直接从受众群体中获得相关信息，分析聚落生产、生活等系统之间的空间关系及内在联系。

2. 意愿调查方式

高庙乡新型农村社区中心区的建设意愿调研采取村民代表座谈和聚落典型居民入户访谈两种形式进行。研究团队通过驻村生活体验去感受聚落的生活常态，将设计关心的重点问题以闲聊的方式与当地居民进行交流，通过生活的融入交流，充分体会豫西黄土丘陵沟壑区乡村聚落的生活需求。在座谈的基础上，课题组结合居民

图6-4　居民代表座谈会现场

建设意愿调查统计分析结果，总结出居民对于乡村聚落环境建设以及居住建筑更新的真实需求（图6-4）。

3. 意愿调查总结

居民的意愿调查结果充分地反映了居民对于未来新型乡村聚落建设的愿景以及生活的需求。本次居民意愿调查主要包括居民居住生活的建筑空间需求，公共空间配置，聚落发展规模以及未来发展产业方向等方面。通过调查分析发现，该地貌特色的下的乡村聚落老龄化及低龄化现象明显，青壮年劳动力基本都外出打工；留守居民的产业依旧是以农业生产和便于管理的经济作物种植为主；一些返乡的年轻人通过加固或改造自家原有的废弃窑洞进行畜牧养殖，从中取得了不同程度的收益。该区域第二、第三产业相对较少，但是从整体的发展趋势来看，随着城镇化进程的加快，现代农业的发展以及土地流转力度的加大，聚落内部的第二，第三产业会呈现出稳步增长的态势。

通过对聚落现状的空间环境考察以及对聚落居民居住生活的需求了解，发现居民普遍关注社区基础设施建设、公共服务设施建设以及商业服务设施建设。针对居住空间，该区域的居民的需求相对传统，比较偏好中规中矩的实用型户型，随着乡村地区汽车交通和摩托交通的发展，聚落居民普遍反映希望在未来的聚落中考虑到车库的问题。针对聚落建筑的造型，通过调查发现聚落中绝大多数的居民还是偏向于具有地域特色的坡屋顶形式，但是希望在建筑中预留一部分空间为后期家庭安装太阳能设备提供平台。院落生活是乡村聚落生活的精华部分，居民希望在新的聚落环境设计中能为每户提供家庭院落空间，尽量丰富户型的多样性以满足不同家庭的需求；如果必须上楼居住，那么应尽量给居民提供露台满足其晾晒等家庭生活需求。在个人生活空间方面，大部分居民希望能具有自己相对独立的隐私空间，也希望能为老年人及儿童提供独立房间（图6-5）。

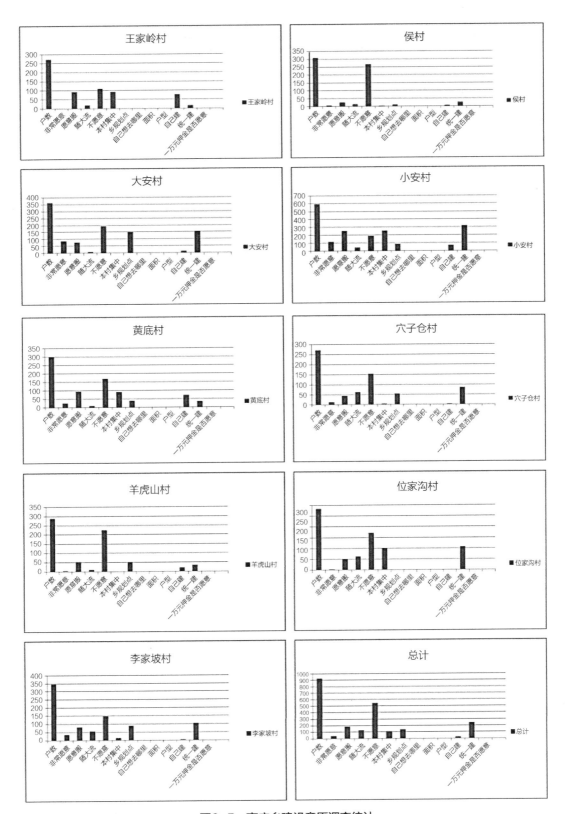

图6-5 高庙乡建设意愿调查统计

6.2 基于自然地理的景观格局架构

6.2.1 设计的策略与原则

1. 基本策略

黄河三门峡水库库区及其南北两侧的丘陵山脉是一个巨大的天然生态景观平台，两者通过沟壑连接在一起，由此奠定了该区域基本的自然景观网络格局。规划研究从基地所处的自然地理单元入手，通过对水网、沟壑、丘陵山脉等自然要素的分析梳理提出：该区域的新型农村社区规划设计应尊重自然地景，充分依托自然景观网络的基本格局，将瓶颈廊道打通，提升生态廊道空间的景观品质，架构自然地理开放空间完美形态，这是该区域新型农村社区各类规划及建设的前提条件与基本策略。

2. 设计原则

（1）重视地形变化，因地制宜、随型就势，减少土方量，尽量少破坏地形地貌。

（2）运用当地材料、元素，少投入，高效地处理景观。

（3）将历时文化及黄河文化元素分布到每个公共空间节点，例如24孝、大禹治水等。

（4）大量种植大冠径树木，将房屋掩映于绿色之中。

（5）建立弱势群体经济型景观体系，以经济性为原则，用直观和低成本的表达方式进行景观环境塑造。

6.2.2 景观空间结构架构

基地现状南北纵向三条深沟起于黄河三门峡水库，穿过沿黄公路。其中两条深沟纵贯基地，汇聚于铁路专线空间廊道，融入南部山体。本次规划通过以下几个方面展开：

（1）依托现状的三条自然南北向沟壑，形成南北向三条生态廊道轴线，连接基地北侧黄河三门峡水库库区及四周山脉，将外部空间景观资源引入基地内部。

（2）沿黄公路是区域交通性的主要干道，也是基地对外交通联系的唯一依托，是社区景观规划不可忽视的东西向交通廊道空间和社区形象主要展示界面。规划通过场地平整、坎崖修整等手法，形成层层退台，打开沿黄公路沿线景观空间，丰富公路沿线社区形象，展示界面层次，提升社区地理气场，形成社区标志性门户空间，同时为还原黄河夕照景象提供空间平台。

（3）铁路专线东西向贯穿基地，其交通职能已经闲置。该铁路专线是历史遗存

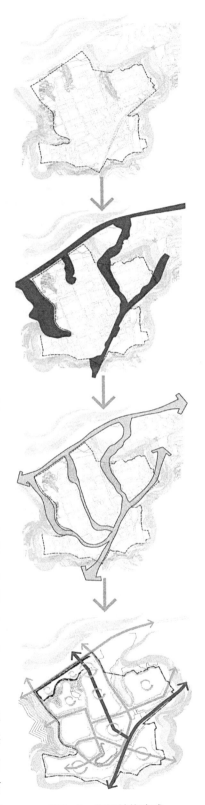

的具有相当历史价值的历史性空间廊道，其用地空间占位是不可改变的，规划将其视为基地现状的既定因素考虑，对其采取空间保留、景观提升的设计对策，将其打造为社区特色公共空间，形成基地内部东西向另一主要景观空间廊道。

（4）根据建设用地高差，确定不同标高组团的景观核心点及最佳的视觉观景站点，优化社区内部现有的道路骨架，依托廊道形成社区主要的交通线路，顺应对接不同高差的建设用地，架构社区内部的景观网络体系。社区绿地系统整体采取点、线、面相结合的布局方式，统一规划。户外公共空间绿化与宅院内部绿化，平地绿化与坎坡台地立体绿化交相呼应，形成复合式绿化结构。同时，基地外侧沿黄旅游带与沟壑崖体设置以乡土常绿树种为主的生态防护林，主次道路两侧、铁路游憩带处加强绿化集约，形成绿化廊道，联系内外绿化，形成"三纵两横"的复合式绿化空间网络（图6-6~图6-8）。

6.2.3 聚落景观空间细分

1. 公共开放空间景观

社区环境中的公共建筑、广场、集中绿地、深沟坡坎、铁路专线等属于公共开放空间景观的主体组成部分。综合山水视廊条件、空间轴线、地形分割、功能差异、内外使用、地标形象等因素，规划将社区公共开放空间景观整体分为三个类型：山水生态廊道绿景、沿黄旅游度假地景、豫西农村社区人居地景。

（1）山水生态廊道绿景

在规划设计中，应尊重黄河流域自然景观生态过程与格局，维持物种多样性，大力培育生态景观平台，对基地东、西两侧入口区不可建设的沟壑崖体结合旅游进行生态植被培育，选用高庙乡当地常见树种开辟观光林，形成生态开放廊

图6-6 空间结构生成

图6-7　规划总平面

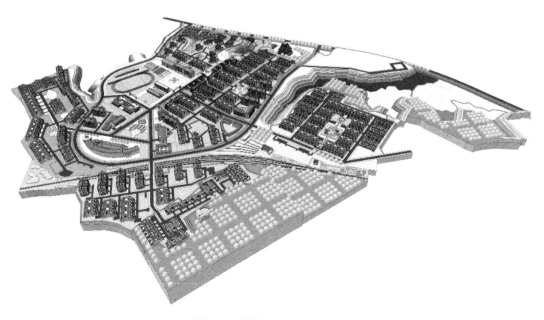

图6-8　社区东南角鸟瞰图

道，把生态效益、经济效益与基地的景观建设结合起来；通过林相改造，丰富植物景观，加强四季的季相变化，提高沟壑地崖体风景林的景观价值；通过生态绿化培育将黄河景观资源纵向引入基地内部，为整个片区创造生态门户空间及大地景观背景，营造出传统、纯朴的乡村生活气息；同时，结合基地内部南北向中心景观轴、东西向沿黄景观轴以及基地内部东西向火车游憩绿带，形成"三纵两横"的地域景观网架，营造出质朴纯粹的视觉背景，展现出令人震撼的大地景观。

（2）沿黄旅游度假地景

景观塑造集中在沿黄公路与高坎之间的沿黄旅游度假公共建筑带，包括豫西典型窑院场态、黄河观景阁、社区入口广场、社区碑文石等。高坎退台垂直界面是景观的大地背景，采用夯土素雕、浅雕等方式可以表现出磅礴的气势，烘托基地的地理气场。

（3）豫西农村社区人居地景

结合本地黄河文化资源、历史文化资源、民俗风情资源，对三门峡大坝修建时期的部分历史建筑进行保护利用修缮，形成红色文化教育基地。将中华民族传统的仁、义、礼、孝等精神文化元素以设计手段渗透入到整个社区的公共空间体系中，以节约、低调的方式巧妙展现中华民族传统文化底蕴，形成具有乡村特色、乡土气息的人文景观体系。

2. 居住环境景观

居住环境绿地系统包括社区公共绿景、组团公共绿景、宅前宅后公共绿景和院落个性绿景。社区公共绿景成带状，依傍社区主要生活性道路，与下店上宅式传统商铺等建筑共生，形成社区的传统街巷空间景观；组团公共绿景是指对地形进行适当地改造后所布置的小型绿地广场及公共活动空间；宅前宅后公共绿景和院落个性绿景是依据住宅建筑群尺度配置，以控制开放空间节奏，保持掩映下的空间轴线关系，形成景观层次递进。

6.3 场地形态的特色控制：化零为整融入自然

黄土沟壑地貌是千百年来地质运动与自然风蚀水蚀共同作用下形成的独特且不可再生的大地景观形态。据资料数据显示，该区域中黄土沟壑面积约占整个黄土地貌面积的60%以上，平地所占比例不足40%，由此可以看出黄土沟壑区相对平整的建设用地资源较为匮乏。面对当下国家新型城镇化发展的要求，要解决集约建设所需的土地与基本农田保护之间的矛盾，合理开发黄土沟壑区内的丘陵沟壑用地是当下该区域城镇化建设的必然趋势。目前，该区域的新型农村住区建设多是套用平原地区社区的布局模式，其往往通过对丘陵沟壑山体的大规模开挖平整，从而获得建设用地，这种粗暴的建设方式直接威胁到该区域的景观安全。通过对该区域新型农村住区场地的研究，探讨该区域场地形态的特色控制策略是本小节研究的出发点与回归点。

6.3.1 场地现实特征分析

1. 豫西黄土丘陵沟壑区地质特征

黄土高原的土质一般分为两种类型，分别为风成黄土和水成黄土，由风积而成的黄土地质称为风成黄土，由冲积以及洪积而成的黄土地质称之为水积黄土，这两种黄土地质类型在豫西黄土丘陵沟壑区均有分布。豫西黄土丘陵沟壑区位于黄土高原的东南部边缘地带，这里地势呈西高东低，南高北低的整体态势，黄河由西向东从北部蜿蜒流过。由于地下水溶滤和气候相对湿润的原因，豫西黄土丘陵沟壑区的黄土中碳酸钙、石膏含量以及pH值均较低，含水量较高、干容重较大、孔隙比较小、湿陷性较弱、压缩性较低、凝聚力较大，其工程地质性能相对于西北黄土地区更好。

2. 基地的环境资源评价

基地整体位于黄河南岸阶地，地势起伏，陡坎纵横，整体高程变化约30m，不可建设的沟坎用地占规划总用地10.1%，建设用地零散不规则，利用困难。断坎、深沟以及铁路线将基地整体划分为北部、中部与南部三部分。基地北部用地自然地形地貌较复杂，沟坎交错，用地割裂不完整。基地南部地势最高，高程点范围为393~412m，两道断坎将其再次分割，用地呈现地块比邻、面积较小、高差多变的状况。基地北边界毗邻黄河南岸，地下水资源相对丰富，但坡坎沟交错，工程地质条件相对复杂。基地主导风向为东风，其次为西南风，冬季风速猛烈，风力资源丰富（图6-9，图6-10）。

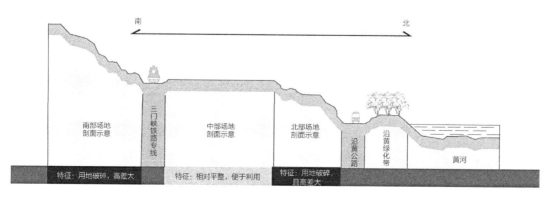

图6-9 基地剖面示意

图6-10　场地现状实景

6.3.2　场地整合设计实践

1."化零为整"——合理整合破碎用地

基地高差起伏，场地平均坡度虽满足排水最小坡度要求，但是破碎化严重，不利于建设。规划本着"化零为整"的原则，在原有建设场地基础上进行高差分析，将基地分为6大相对完整且高差不等的独立片区，并整合每个独立片区中的破碎用地，适度进行土方平整，有填有挖，从而形成相对平整的建设用地或缓坡状的建设用地。同时，依托自然地貌基础，合理化利用陡坎，修整出具有地貌特色的建设用地，进而呼应自然地貌景观（图6-11，图6-12）。

图例
分区编号 地块编号 分区界线 规划范围

图6-11　基地片区编号图

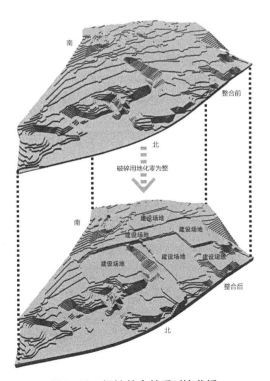

图6-12　场地整合前后对比分析

2."上三下二"——划定景观安全边界

通过场地坡度分析，对基地进行建设适宜性评价，确定不同高差片区的可建设用地规模、形态和位置。规划提出了"上三下二"景观安全建设边界划定原则，建议自然修整坡坎，即坎体护坡上边界3m范围内、护坡下边界2m范围内用地以及坎体护坡作为绿化缓冲区。在满足"上三"基础上再次退让至少3m划定坡顶建筑控制线，坡顶建筑控制线与坡顶边界的距离不能小于6m，坡底建筑控制线应同时满足"下二"及日照要求，进而划定核心建设区。充分利用本土植物对"上三下二"控制范围内的土地进行绿化覆盖，利用植物根系的抓地性辅助挡土墙进行工程加固（表6-7，图6-13）。

土地利用适宜性评价标准表　　表6-7

评价因子	很适宜	适宜	较适宜	不适宜
坡度	0~3%	3%~10%	10%~25%	25%~70%

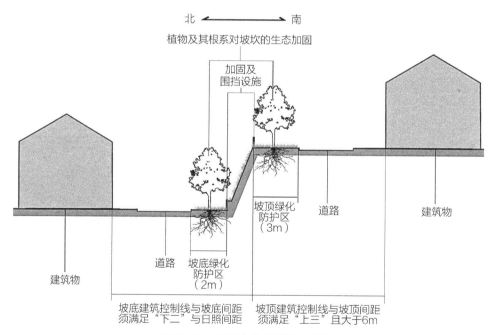

图6-13　景观安全建设边界分析

3."低技维护"——生态型挡土墙设计

本次规划挡土墙高度在2~10m，10m高挡土墙位于场地西侧与外围道路相接处。规划建议依托挡土墙大力培育生态景观平台，在充分利用当地建设材料及可再生利用的废弃材料的基础上，采用台阶型和缓坡型两种生态型挡土墙营造模式；除必要

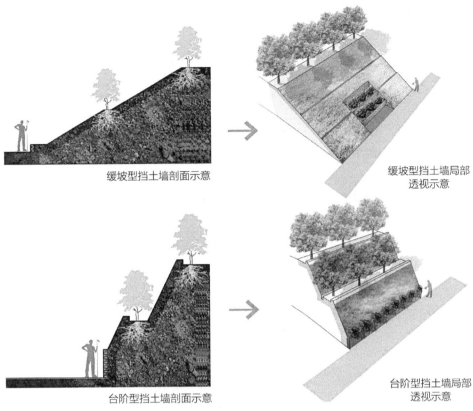

缓坡型挡土墙剖面示意　　缓坡型挡土墙局部透视示意

台阶型挡土墙剖面示意　　台阶型挡土墙局部透视示意

图6-14　缓坡型、台阶型挡土墙设计模式分析

的工程加固外，其余坎面结合旅游进行生态植被培育，利用植物根系的抓地性辅助加固坎体，在保证安全的前提下降低成本费用，同时便于社区内部居民自行管理维护。挡土墙植被建议选择当地常见树种，可以开辟观光林以形成生态开放廊道，同时通过林相改造，丰富植物景观，强调季相变化，创造出社区生态门户空间及大地景观背景（图6-14）。

4."分片整合"——合理组织交通竖向

首先，顺应基地用地边界形态，规划一条外环线，串接基地内部各个用地分区，解决住区整体交通线路组织问题；其次，各组分片区采用局部交通小环线，拉通分片区内部各个地块之间车行交通联系；再次，通过鱼骨式交通组织整合组团内部交通；最后，部分受制于地形限制的用地采用尽端路衔接，尽端回车场保证基本设置要求，最终形成"整体大外环串接、分区小外环联系、鱼骨式交通组织、局部尽端式对接"的道路骨架系统。

由于场地现状高差较大，规划针对不同分片区提出了不同的竖向设计，在尊重原有地形的基础上，保留坡度较大的山坡，同时只在山坡上规划人行步道，对平坡处进行地形处理，30%以下的坡度处尽量使用坡地绿化解决高差问题，减少硬质隔离，从而形成较好的防护景观。场地大部分道路坡度为0.3%~5%，由于西侧外围道路较低，与周围道路相连接时坡度较大，因此规划将局部坡度控制在6%~7%，同时将该坡度较大路段的坡长控制在100m之内。规划提出，建筑基底标高应高出相邻路面最低点30~50cm以便于顺畅排水（图6-15，图6-16）。

图6-15　交通系统与空间结构之间的关系

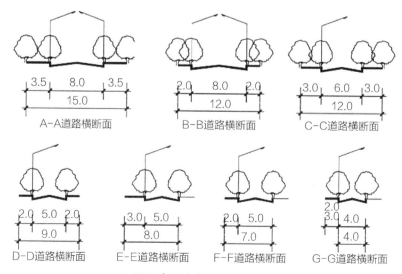

图6-16　规划道路断面图

6.4　生态技术适宜性运用：雨水收集低技节能

6.4.1　传统雨水收集经验

　　豫西黄土丘陵沟壑区是我国水土流失最为严重的地区之一，地表水缺乏且地下水位深，居民特别爱惜水，对于雨水的收集与利用千百年来形成了一套独特的方法。"水窖"与"涝池"就是豫西黄土丘陵沟壑区传统的雨水收集与利用设施，围绕"水窖""涝池"等传统集水设施也衍生出了该区域传统乡村聚落独特的集水场地景观（图6-17）。

1. 水窖

　　"水窖"是黄土丘陵沟壑区传统乡村聚落中农户在自己院落里挖的存水的土窖，主要用以蓄存落在院落中的雨水。黄土丘陵沟壑区雨季一般集中在夏秋两季，该区域居民一般都居住在窑洞中，如果雨季不能及时排除院中的积水就会回灌窑洞，严重影响居民的正常生活，所以"水窖"一般选址在院落中地势相对较低的位置，便于院内雨水汇集，这在一定程度上解决了窑洞院落的"水患"问题。"水窖"蓄积的雨水同时可以满足洗衣、牲畜养殖以及其他非人饮用的生活需求。在缺水的黄土丘陵沟壑区，这种传统利用雨水的做法解决了人们生产生活用水的基本需求。根据相关研究数据显示，一个约60m²的水窖的建设成本约两千元，基本可以解决一个农户家庭在一年旱期的人畜用水问题，社会效益显著。

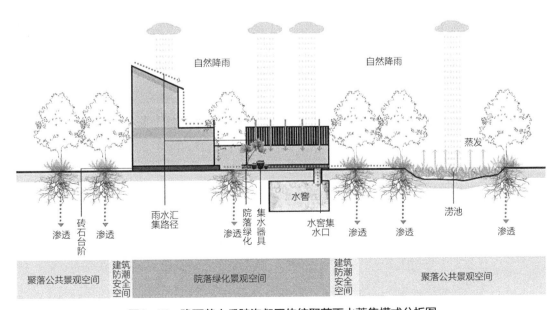

图6-17　豫西黄土丘陵沟壑区传统聚落雨水蓄集模式分析图

菩萨庙及"涝池"（现已改建为村小学）

■ 围绕"涝池"会形成较为开阔的场地，为聚落
公共活动提供场地。

"涝池"不仅在聚落中起到了集水防涝的作用，
同时也为水生植物提供了生长条件，改善了聚
落生态环境。

观音堂及"涝池"（公共空间）　　→ 排水方向

■ "涝池"周边的植物生长茂盛，结合植物群落围
绕"涝池"形成了聚落独特的生态公共空间。

图6-18　丁村"涝池"及其周边空间环境分析图

2. 涝池

"涝池"是在聚落公共空间中人工开挖的水池，用于蓄集、拦截道路和田地流失的雨水。因为黄土丘陵沟壑区院落中的雨水是通过"水窖"蓄集，未蓄集雨水则通过围墙的排水孔排到院外，所以院落外的雨水径流强度更大，尤其是在暴雨期如果不能进行有效地控制雨水便会冲毁道路形成内涝，同时挟带大量的泥沙造成水土流失。黄土丘陵沟壑区干旱缺水，雨水是大自然慷慨的恩赐，如果恣意使其流失将是莫大的浪费，且容易形成灾害，所以黄土丘陵沟壑区的先民们通过"涝池"的修建来蓄集院落外的雨水，达到水土保持与防灾避害的双重功效。"涝池"的面积大的在半亩到一亩之间，小的也有几分地，一般呈圆形或椭圆形，中心处最深，一般设置在聚落中地势相对低洼的路边。"涝池"的表面土质通过特殊硬化处理方式以增加池塘表面的硬度和光洁度，在正常的气候下，"涝池"中的水可以保持长年不干，在防止水土流失的同时，又有效地改善了聚落的生态环境（图6-18）。

6.4.2　雨水收集利用实践

1. 高庙社区概况及集雨场地分布

基地南北纵向三条深沟起于黄河三门峡水库，穿越沿黄公路，纵贯基地，汇聚于铁路专线空间廊道，融入南部山体，这奠定了基地自然生态廊道的基本格局。规划依托自然生态廊道基本格局，打通瓶颈，形成"两横三纵"的景观结构骨架。社区内部场地通过竖向设计以"化零为整"为原则，将高差接近的破碎用地进行整

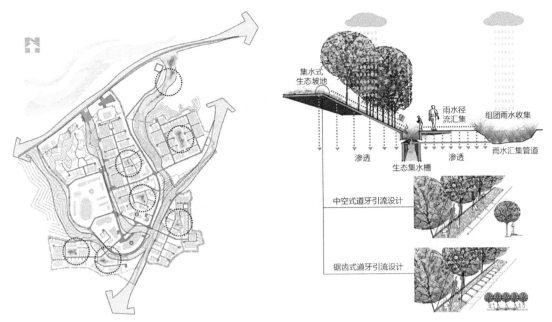

图6-19　高庙社区景观结构及集雨场地分布图　　　图6-20　雨水引流设计分析图

合，最终形成9块高低错落且相对完整的组团建设场地，在提高土地利用效率的同时呼应大地景观。结合组团内部景观，基地共形成6个组团集雨场地和1个生态型污水处理厂（图6-19）。

2. 道路雨水的收集利用

首先，将社区道路雨水引流设计与社区内部场地竖向设计结合，使坡度与道路保持一致，尽量使用坡地绿化解决高差，减少硬质隔离。其次，对社区内部的道牙进行设计干预，采取局部中空型道牙和锯齿型道牙两种形式，形成雨水引流口，结合社区内部场地高程变化，对社区内部的道路雨水进行导向引流，提高雨水收集利用率，缓解社区内部道路绿化以及护坡绿化的养护压力。雨水引流口同时兼备生物迁徙通道的作用。最后，结合道路一侧的坎体形成生态集水坡地，将道路引流的雨水汇集至高差较低的位置进行统一储存，这样既可以有效利用黄土丘陵沟壑区珍贵的水资源，又可以改善社区内部道路两侧的生态环境（图6-20）。

3. 建筑雨水的收集利用

首先，建筑屋顶保留该区域传统的坡屋顶形式，檐口和屋脊部分设计雨水汇集槽，当雨水降落时可以有导向性地将雨水引流至落水管，在落水管口处设置简易的污物过滤槽，初步将建筑屋顶的雨水过滤后汇集至场地。其次，沿墙种植爬藤植物，通过爬藤植物初步将墙面的雨水进行过滤，流向场地。再次，对建筑的露台等建筑内部的开敞空间进行绿化种植设计，设置集水器具，形成集水露台，收集平台屋面无法汇入建筑场地的雨水，用于建筑内部开敞空间的绿化养护。最后，有效利

图6-21　建筑雨水收集利用分析图

用建筑山墙与交通之间的绿化缓冲空间，形成楼边雨水生态汇集区，作为组团雨水收集之前的过滤与净化的缓冲区；针对建筑周边场地设计以本土植物为主的生态花园、雨水渗透池、雨水树池或生态集雨池，汇集建筑上部经过初步过滤后的雨水和天空中直接落入场地的雨水，通过沉淀、过滤后，结合道路竖向高差，通过场地中埋设的雨水收集管汇入组团集雨场地。场地景观多采用透水铺装，通过植物、砂石、土壤多层次过滤雨水，将过滤后的雨水涵养在周边的土壤中或通过场地中埋设的雨水汇集管道汇集至组团中心的集雨场地储存（图6-21）。

4. 组团雨水的收集利用

通过场地修整，社区共形成9个高差不等的组团建设用地。社区居住组团的景观设计采用传统的乡村景观营建手法，以黄土丘陵沟壑区传统聚落中的"水窖"和"涝池"为原型，在各居住组团内部中心开敞空间位置划定一定空间作为居住组团内部的雨水汇集场地，通过适当降低该场地标高、对场地进行土方平衡创造出一系列大小不一、形态自然的水坑或土丘，并种植本土水生或湿生植物，形成居住组团内部雨水收集和环境净化的核心区，形成组团中人与自然亲近的核心空间，同时在局部硬质景观空间采用透水材料，将雨水涵养于土地。组团内部的集雨场地不仅是雨水收集利用的重要场地，同时还为乡土植物及生物提供了多样的生态栖息空间。基于黄土丘陵沟壑区干旱少雨、雨季集中且多暴雨的现实特点，在雨水集中的时期场地直接通过天然降雨补充并涵养水资源，可减少社区水土流失，丰富物种多

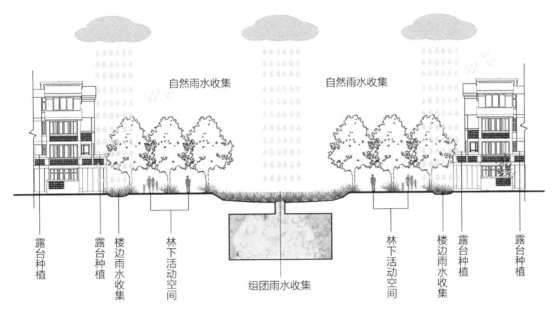

自然雨水收集　　　　　　　　自然雨水收集

露台种植　露台种植　楼边雨水收集　林下活动空间　　组团雨水收集　　林下活动空间　楼边雨水收集　露台种植　露台种植

图6-22　组团雨水收集剖面分析图

样性。在干旱期，可利用雨季涵养的水资源进行组团景观养护，调节组团内部微环境气候，改善旱期居住组团内部的生态环境。组团内部密植乡土生态景观林，步道穿梭于林下活动空间及集雨场地之间，场地中设置亲水平台和休闲座椅，可为居民亲近自然提供便利。通过对组团内部的集雨场地环境塑造，形成了社区雨水收集网络，改善了社区内部的人居环境（图6-22）。

6.5　整体风貌创新延续：记忆延续风貌传承

6.5.1　本土材料应用试验

1. 试验目的

社区的建设资金有限，而在社区景观建设的过程中材料的费用在总成本中占据了很大的比例，所以如何在保证建设安全与空间品质的前提下，尽可能地降低成本是专业人员必须解决的问题。

2. 粉饰材料选择

基地中黏土资源丰富且色彩饱和度较高，在本地的自建过程中多用于抹面以加固围墙或者篱笆，使其呈现出粗犷的艺术肌理。因此，在强调农村人居环境低耗自建的总体要求下，课题组选择当地黏土作为粉饰的基础材料，通过优化泥浆粘合度、干缩度、耐水性以及抗磨损方式，以实现其作为建筑或景观饰面材料的可能，这样不仅能够充分地展示地域特色，还能大大降低景观材料的成本。

3. 试验方法

首先，根据当地泥瓦匠的经验在当地进行初次试验配比搅拌，得出基本原料配比。其次，在基本配比中加入不同的添加剂，制作试件，观察粉饰后的特定试件模块的干缩裂缝、耐水性能及抗压性能，并详细地记录数据。再次，根据所记录数据从色彩、质感、抗压性、耐水性、耐晒性及干裂程度等方面，分析不同配比材料的应用前景，然后再选择1~2种配比方案，进行深入研究。最后，进一步改良添加剂的掺合比，根据试件在不同天气状态及温度状态下所呈现的结果，最终确定低成本自制黏土饰面的材料配比。

4. 试验过程

（1）样本采集

课题组选择在左家后村、位家沟村以及老虎山村三个自然村进行黏土样本采集，从色彩、粘结性、颗粒大小三方面进行样本筛选，将分别编号为样本一、二、三（图6-23）。

（2）试验步骤

1）在采集完试验样本后，结合当地工匠的经验，将水泥、黏土、沙按照1：3：1和1：2：2两种比例进行混合。

2）课题组用黏土砖砌筑了一段矮墙，并在上面划分了若干个40cm×80cm的试验区域，作为试验粉饰面。以经验配比为基础，课题组选择了土和沙粒较为细腻的样本，掺水拌合至合适的黏稠度，进行初步粉饰试验，粉饰厚度约1~1.5cm。结果显示，样本一与样本三出现较为严重的龟裂现象，样本二也有龟裂现象，但是相对较轻（图6-24）。

3）第一轮试验

基于第一组初步试验中样本二（土砂比为1：1）的配比，在混合物中适当加入水泥、石灰和纤维（本试验纤维以木屑为主），且以这三种原料作为主要的变量，形成水泥（2%）、石灰（4%）、纤维（1%）的骨料配比，将其命名为第3组即基准

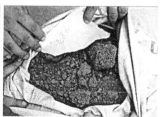

图6-23　试验样本

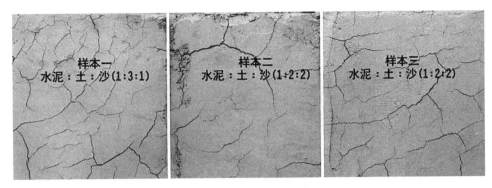

图6-24　经验配比样本

组。以基准组为基础，维持纤维变量不变，适当上下变动水泥与石灰的比例，最终形成五组试验配比数据（含基准组），如表6-8所示。

第一轮试验原料配比表　　　　　　　　　　　　　表6-8

编号	黏土（kg）	沙子（kg）	水泥（%）	石灰（%）	纤维（%）
第1组	2	2	1	2	1
第2组	2	2	1	6	1
第3组（基准组）	2	2	2	4	2
第4组	2	2	4	2	1
第5组	2	2	4	6	1
备注	混合物配比原则：混合物中不同骨料比例均以黏土重量为基础，例如，水泥4%，代表骨料中水泥重量为黏土重量的4%。				

试验期间为连续阴雨天气，根据观察发现，第2组、第3组以及第5组龟裂现象明显；第4组没有出现龟裂，但是泛白现象严重，总体性能表现较好；第1组既无龟裂也无泛白现象，性能表现相对优异。课题组根据试验结果停止了第2组、第3组及第5组的试验，着重对第1组和第4组进行第二轮配比试验研究（图6-25，表6-8）。

4）第二轮试验

基于第一轮试验中第1组和第4组的试验结果，课题组以第1组的配比为基础，适当调整黏土、沙子以及纤维所占比例，形成三组配比样本，进一步进行粉饰试验，编号分别为第6组、第7组和第8组；以第一轮试验的第4组配比为基础，适当调整骨料配比，编号为第9组进行粉饰试验。第二轮配比详细数据如表6-9所示。

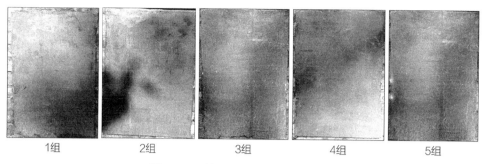

| 1组 | 2组 | 3组 | 4组 | 5组 |

图6-25　第一轮试验材料特性表现

第二轮试验原料配比表　　　　　　　　　　　　　表6-9

编号	黏土（kg）	沙子（kg）	水泥（%）	石灰（%）	纤维（%）
第6组	2	3	1	2	1
第7组	2	2	1	2	4
第8组	2	3	1	2	4
第9组	2	3	4	2	1
备注	1. 混合物配比原则：混合物中不同骨料比例均以黏土重量为基础，例如，水泥4%，代表骨料中水泥重量为黏土重量的4%； 2. 第6组～第8组数据以第一轮试验第1组数据为基础，第9组数据以第一轮试验第4组数据为基础。				

　　试验期间为连续阴雨天气，根据观察发现，第7组龟裂现象非常严重，呈现结果非常不理想；第6组和第8组均无龟裂现象，与第一轮试验中的第4组相比表面更粗糙、颗粒感较大。根据以上的观察发现，沙土含量的增大会增加生土粉饰材质的粘合力，便不易产生龟裂现象。以第一轮试验第4组数据为基础形成的第9组粉饰试验中呈现出无裂缝、粘合力高、表面材质细腻、颗粒感小且泛白现象不明显的特点（图6-26、表6-9）。

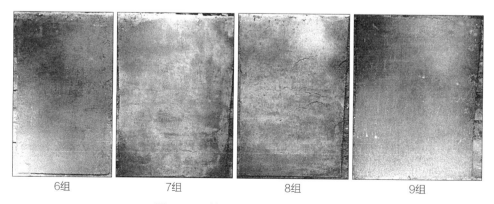

| 6组 | 7组 | 8组 | 9组 |

图6-26　第二轮试验材料特性表现

5. 试验结论

通过两轮的试验，课题组得出结论：较为理想的石灰与纤维配比为2%：1%，建议可以适当加入胶水，增加其粘合性，同时可适当地改变纤维长度（如秸秆、木屑等）增减材料强度。根据以上的试验，课题组认为，该生土粉饰材料可以满足聚落景观建设中的粉饰及装饰抹面的基本需求。如应用于建筑立面，还须进行更进一步的材料试验，并确定适合粉饰的面积大小及分隔缝间距。该地区推荐生土景观粉饰原料配比如表6-10所示。

推荐生土景观粉饰原料配比表　　　　　表6-10

编号	黏土（kg）	沙子（kg）	水泥（%）	石灰（%）	纤维（%）
推荐1	2	3	1	2	1
推荐2	2	2	4	2	1
备注	1. 该配比仅适用于景观环境生土粉饰，建筑立面粉饰还须进一步材料试验论证； 2. 混合物配比原则：混合物中不同骨料比例均以黏土重量为基础，例如，水泥4%，代表骨料中水泥重量为黏土重量的4%。				

6.5.2　历史记忆特色空间

1. 沿黄形象展示带

社区西侧沿黄河自然沟坎、中部的社区入口广场以及东侧高台上的阅江阁三部分构成了社区沿黄公路形象主界面。西侧沿黄河自然沟坎建议进行半人工化处理，通过豫西文化剪纸墙的形式突出沿黄公路主界面的景观效果。中部社区入口广场铺装采用本土材料，设置具有地域文化特点的景观小品，如寓意"平安、吉祥、如意"的剪纸雕塑，结合社区新型民居建筑与本土植物景观充分展示豫西传统文化。通过设计，由西向东整体构成一个由半人工环境向人工环境过渡的社区主形象界面（图6-27）。

2. 自然沟壑生态修复界面

社区周边的自然沟壑主要以生态植被修复为主。在坡度较大的区域以生态种植为主，打造竖向界面的垂直景观。在坡度较小的区域以农业种植为主，结合地貌形态形成农田生产景观。农业种植景观区采用万亩梯田的处理方式，在坡度较为平缓的地区种植经济作物，这样一来既能够形成较好的农业景观，又能够提升当地农业产值。边坡防护植物主要以本地植物为主，路基边坡宜栽植草木灌木（图6-28）。

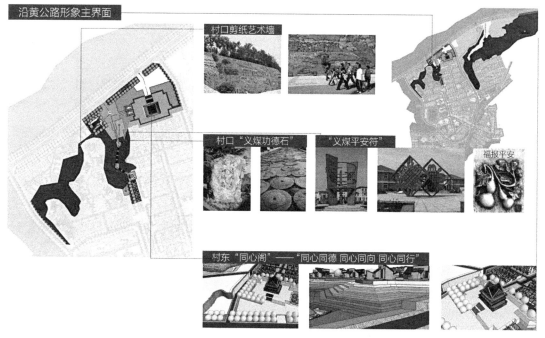

图6-27　沿黄公路形象界面景观设计意向

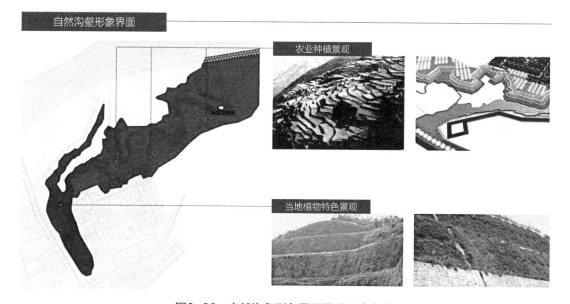

图6-28　自然沟壑形象界面景观设计意向

3. 铁路廊道游憩带

　　基地被三门峡大坝铁路专线一分为二，该铁路专线是三门峡大坝修建时期重要的物资运输线路，尽管已废弃但是该铁路专线依然保留着其特有历史价值，是聚落历史记忆的印证。在高庙乡整体规划结构中，该铁路廊道被定义为历史景观廊

图6-29 铁路休闲廊道景观设计意向

道。废弃的铁路形成了社区独具特色的公共开放空间，设计建议通过注入新功能激活该地块的历史和景观价值，使三门峡修建的历史记忆得以在社区中延续。基于铁路与周边起伏地形的结合，设计建议开通观光体验专线，将部分铁轨进行改造重新利用，打造成具有游玩性质的游憩线路。铁路周边附属建筑及其他交通设施可以通过加固以及更新改造为其注入新的功能，例如：老站房可以改造成休息茶室或咖啡屋，月台可设置休息凉亭等。该廊道的环境品质提升既能延续聚落曾经的历史，又能结合教育需求形成具有地域特色的爱国主义教育基地（图6-29）。

6.5.3 社区民居更新设计

社区地处于自然形成的沟壑台地之上，建筑是社区环境重要的景观元素。无论站在北侧丘陵高地上鸟瞰社区，还是在人视角度欣赏社区，建筑总是人们的视觉焦点，也是围合社区公共空间的主要元素，所以因山就势、传承乡土文化是建筑设计应该遵循的基本原则。基地地形经修整后错落有致，高差丰富，每个组团中建筑依据台地之间的远近错落的空间关系进行布置，呼应了山体地貌轮廓线的形态。建筑以豫陕风格为设计控制元素，因黄土色和麦田色是该区域的基本色调，所以建筑色彩应呼应地域主色调，与环境相协调。建筑前后配置绿景空间，在建筑入口、墙面、门厅、院落点缀具有豫西韵味的装饰，如抱鼓石、灯笼等，使建筑空间显得更为精致。

基于对传统建筑形式、材料和构造技术的研究，并综合考虑住宅空间形制、使用功能、生活习惯等需求，本规划设计提出三种农宅类型及两种民俗旅游服务建筑类型的建筑方案。

1. 豫西条院

豫西条院是在该区域传统合院建筑的基础上，为满足该社区居民现代生活的需求而设计的新型乡土建筑方案。该方案宅基地占地面积197.88m²，建筑面宽8m，进深22.68m，呈短开间，长进深的基本特征。建筑除满足家庭基本生活需求之外，还增加了车库，满足了现代农村家庭的停车需求。豫西条院建筑层高为两层，方案在有限的宅基地上共设计了多个大小不等的院落空间，二层结合造型设有露台，可满足住户晾晒需求。建筑屋顶沿袭该区域传统坡屋顶形制，呼应周边丘陵山地自然形态。墙体材料选用空心砖，节能环保。院落景观围墙多采用本土常见的方式砌筑。院落外部设置有私家自留地，家庭可根据自己的需求进行户前景观种植或蔬菜种植，体现了乡土生活气息。该方案可以结合用地进行南北向对称组合，院落、露台、屋顶、马头墙等建筑要素错落有致，形成了豫西黄土丘陵沟壑区独特的建筑景观（图6-30，图6-31）。

2. 豫西方院

豫西方院是基于该地区传统民居形式演变而来的新型乡村民居形式。该方案是在有限的2.5分宅基地的范围内（12.6m×12.6m），集中布局建筑空间。建筑设计承袭了传统的院落空间布置方式，在建筑南北两侧均设计有宽扁院落以满足室内采光通风，前院可停车，建筑二层设计有露台以满足家庭晾晒需求，同时当家庭人口增加时可以加建为居室。建筑屋顶沿袭地区传统砖石民居建筑的坡屋顶形式，四个单独院落可以组合成为一组。豫西方院户前设计有约54m²的农事绿地，由家庭自行负责种植（图6-32，图6-33）。

3. 豫西楼院

豫西楼院是为了解决社区人口集约的问题而提出的新型乡村民居建筑模式。该方案建筑面宽15.2m，进深24.5m，共四层，整体较为方正。根据家庭的需求，建筑一层设置车库，解决现代乡村家庭的停车需求。户型南北通透，一层两户。豫西楼院设计核心就是将传统的院落以露台的形式转译融合到每户家庭当中。二楼至四楼的家庭具有充足的露台空间，可满足晾晒、种植、休闲等传统院落生活需求，与条

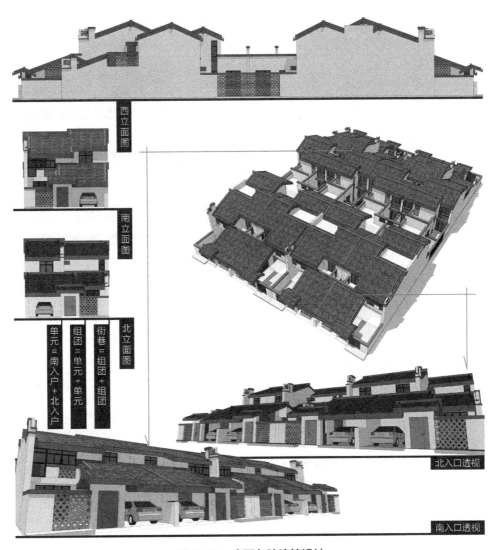

西立面图

南立面图

北立面图

街巷＝组团＋组团

组团＝单元＋单元

单元＝南入户＋北入户

北入口透视

南入口透视

图6-30 豫西条院建筑设计

图6-31 豫西条院透视图

这一模数的用地范围，是在达到用地面积的要求下，经过综合分析、比对最终为了达到功能的最优化而确定的。

12.6m×12.6m的宅基地范围控制

宅基地内的轴线以模数进行控制，划分出庭院、露台、起居室等不同功能空间。布局紧凑、功能齐全，力求满足用户日常使用要求。

宅基地庭院和房间的轴线控制

庭院和露台是豫西居民生活重要的组成部分。庭院不但是建筑功能的枢纽还可为建筑留下空隙，以满足日照需求。露台部分是用户日常晾晒粮食等物品和活动的空间。

宅基地内庭院和露台模式　平面指导

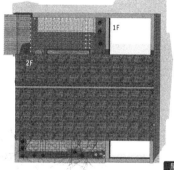

屋顶平面

东立面

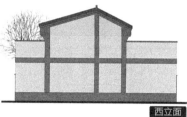
南立面

西立面

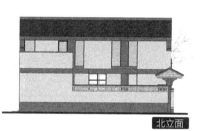
北立面

图6-32　豫西方院建筑设计

图6-33　豫西方院透视分析图

院、方院户前的自留地性质相同，也可以当作户前的生产绿化空间，家庭可根据自身的需要进行绿化种植。一层户前设置有私家自留地，家庭可根据需求进行本土植物种植或蔬菜种植，体现乡土生活气息，丰富聚落绿化景观层次。建筑的屋顶造型沿袭传统的坡屋顶型式，呼应周边丘陵山体。屋顶设置有平台可为后期太阳能的架设预留空间（图6-34，图6-35）。

4．民宿休闲服务建筑

为满足社区乡村旅游开发的需求，课题组设计了两种类型休闲服务建筑，分别为独院式服务建筑和合院式服务建筑。规划建议在聚落北侧入口台地上部布置独院式服务建筑以形成民宿休闲服务区。

独院式服务建筑可以通过单坡对齐、院落错位以及院落对齐等方式，形成多种组合形式，同时根据场地变化，组合形式和功能配置可灵活调整。多种方式的组合布局使得该区域具备形成灵活街巷的可能，也可增强度假休闲氛围。

合院式服务建筑多是针对原有废弃窑洞进行加固修复，还原豫西传统的窑院建筑形式。合院式服务建筑可形成多个布局自由的二进院落或一进院落，其中建筑修旧如旧，能充分展示传统豫西窑院式民居建筑形态。该类型建筑集中分布在独院式休闲民宿建筑群所在的台地下方，紧邻沿黄公路，是社区的形象展示界面，也是传统乡村聚落建筑景观的展示平台（图6-36，图6-37）。

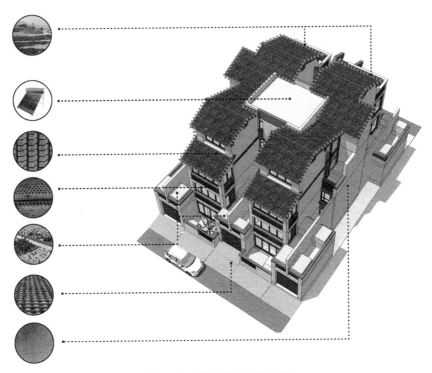

图6-34　豫西楼院透视分析

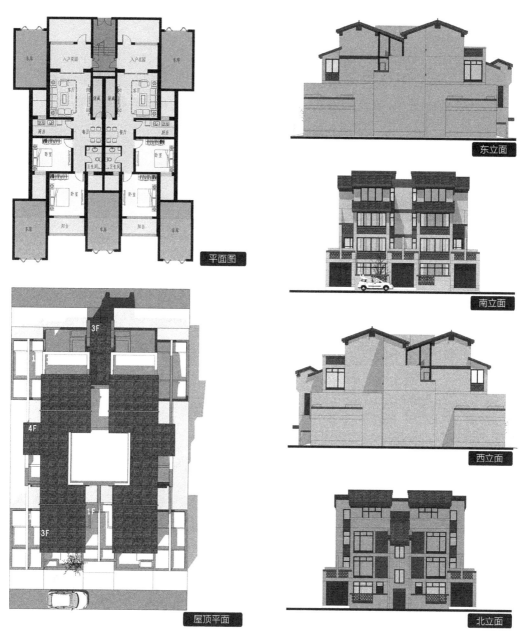

图6-35　豫西楼院建筑设计（一）

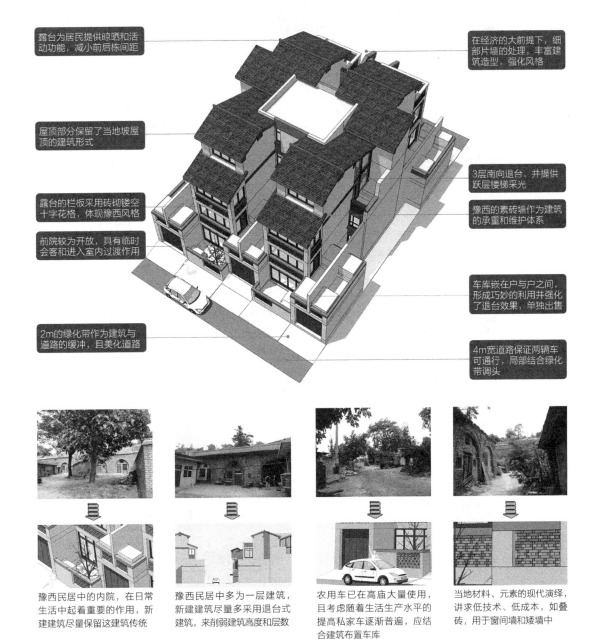

露台为居民提供晾晒和活动功能，减小前后栋间距

在经济的大前提下，细部片墙的处理，丰富建筑造型，强化风格

屋顶部分保留了当地坡屋顶的建筑形式

3层南向退台，并提供跃层楼梯采光

露台的栏板采用砖砌镂空十字花格，体现豫西风格

豫西的素砖墙作为建筑的承重和维护体系

前院较为开放，具有临时会客和进入室内过渡作用

车库嵌在户与户之间，形成巧妙的利用并强化了退台效果，单独出售

2m的绿化带作为建筑与道路的缓冲，且美化道路

4m宽道路保证两辆车可通行，局部结合绿化带调头

豫西民居中的内院，在日常生活中起着重要的作用，新建建筑尽量保留这建筑传统

豫西民居中多为一层建筑，新建建筑尽量多采用退台式建筑，来削弱建筑高度和层数

农用车已在高庙大量使用，且考虑随着生活生产水平的提高私家车逐渐普遍，应结合建筑布置车库

当地材料、元素的现代演绎，讲求低技术、低成本，如叠砖，用于窗间墙和矮墙中

图6-35 豫西楼院建筑设计（二）

图6-36　文化景观元素的现代设计转译

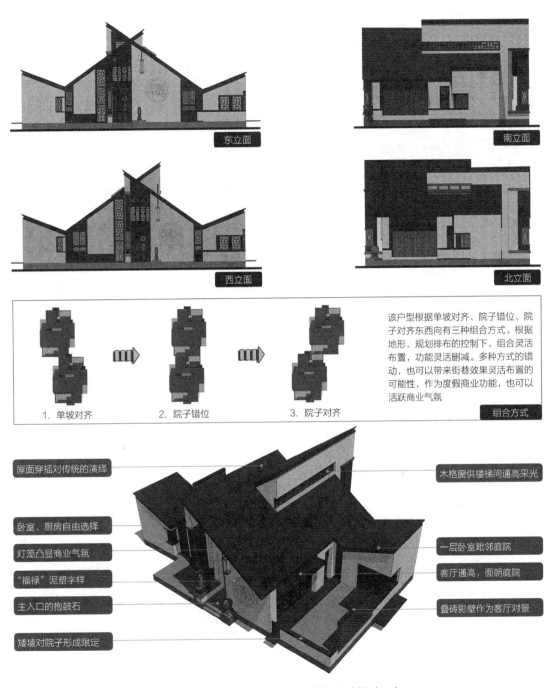

东立面

南立面

西立面

北立面

该户型根据单坡对齐、院子错位、院子对齐东西向有三种组合方式。根据地形、规划排布的控制下，组合灵活布置，功能灵活删减。多种方式的错动，也可以带来街巷效果灵活布置的可能性，作为度假商业功能，也可以活跃商业气氛

1. 单坡对齐　　2. 院子错位　　3. 院子对齐

组合方式

屋面穿插对传统的演绎

卧室、厨房自由选择

灯笼凸显商业气氛

"福禄"泥塑字样

主入口的抱鼓石

矮墙对院子形成限定

木格窗供楼梯间通高采光

一层卧室毗邻庭院

客厅通高，面朝庭院

叠砖影壁作为客厅对景

图6-37　独院式与合院式民俗服务建筑（一）

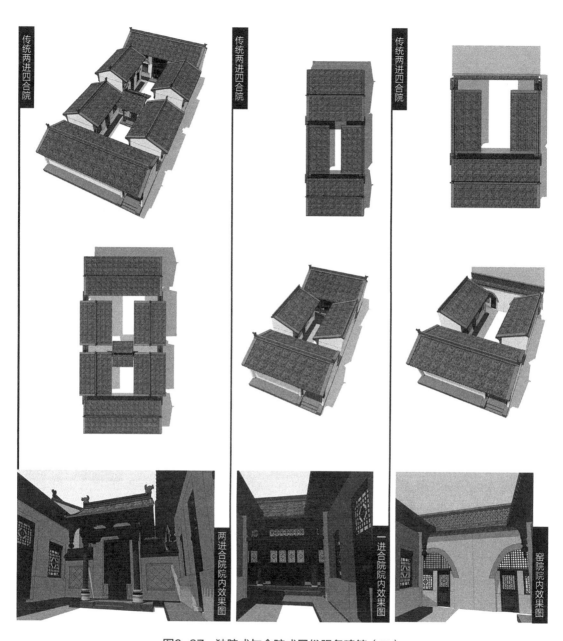

图6-37　独院式与合院式民俗服务建筑（二）

结语

本研究通过总结豫西黄土丘陵沟壑区新型乡村聚落景观环境建设的现状问题，分析了该区域乡村聚落景观转型的动因与趋势，梳理了该区域新型乡村聚落景观要素，并提出了相应的新型乡村聚落景观规划设计策略、设计方法以及设计导则，最后以三门峡高庙乡新型农村社区中心区景观规划为例，探讨了该区域新型乡村聚落景观营建的模式与途径。

7.1 研究的主要结论

（1）具有地域特色的"空间原型"与"营建智慧"是豫西黄土丘陵沟壑区新型乡村聚落景观规划设计研究的经验基础。

豫西黄土丘陵沟壑区独特的自然环境孕育了其独特的聚落空间形态与建筑空间形式。由于聚落选址的差异，豫西黄土丘陵沟壑区传统聚落分为三种类型，即：地表型聚落、靠崖型聚落以及地坑型聚落。尽管这三种类型聚落各具特色，但是由于共同根植于黄土丘陵沟壑区，这三种类型聚落又对黄土文化一脉相承。因此，结合基地特征，从聚落的选址、空间模式以及环境特征等方面入手，提炼具有地域特色的空间原型，梳理具有可操作性的豫西黄土丘陵沟壑区传统村落生态营建智慧并将其科学转化，是探讨该地区新型乡村聚落景观规划设计方法的重要基础。

（2）新型城镇化、国家生态安全战略以及现代农业发展复合影响下的集约发展是豫西黄土丘陵沟壑区乡村聚落的必然发展趋势。

豫西黄土丘陵沟壑区生态环境脆弱、水土流失严重，聚落分散、人口密度小，研究区域内大量的自然村落既靠不到城市，也挨不着乡镇，交通闭塞，经济滞后，教育脱节。因此，为了提高该地区居民的生活水平，便于集中为乡村居民提供生活基础设施及公共服务设施，将这些分散的传统聚落集约整合、建设新型乡村聚落成为了该区域内乡村城镇化发展的必然趋势。同时，可将节约出来的土地用于现代农业集约化生产或其他适宜的产业功能开发，优化调整产业发展结构，促进地区乡村经济发展。乡村聚落的集约化转型直接加速了乡村景观格局及模式的转变。

（3）乡村生活和城镇休闲新需求是豫西黄土丘陵沟壑区乡村聚落景观转型的催化剂。

伴随着社会的发展与进步，城乡信息交流频繁，豫西黄土丘陵沟壑区内的乡村居民生活也有了新的需求。例如，自来水、供热供气、电力通信、汽车交通等现代化的生活需求与日俱增，农民居住生活需求也越来越高，与之相应的建筑系统也在潜移默化地开始更新。建筑是聚落中最主要的空间构成元素，其功能、形式的更新直接影响着新型乡村聚落最终呈现的整体风貌。同时，随着城镇化进程的加快以及城市生活压力的增大，越来越多的城市人希望在空闲时间走出城市亲近自然，越来越多的乡村地区成了城市休闲生活的"后花园"。因此，在乡村居民与城市居民新的生活需求的双重刺激下，加快催化了豫西黄土丘陵沟壑区乡村景观的转型速率。

（4）豫西黄土丘陵沟壑区新型乡村聚落景观要素是该区域新型乡村聚落景观规划设计的重要依据。

本研究从自然要素系统、风貌要素系统以及生产要素系统三个大方面入手梳理豫西黄土丘陵沟壑区新型乡村聚落景观设计要素，其中，自然要素包括气候、地貌、水体以及植物四大类；风貌要素包括物质风貌、非物质风貌两大类；生产要素包括工程要素、观光要素两大类。通过对不同要素基本特点的分析，提出了相应的提炼与设计策略以及景观要素梳理流程，为豫西黄土丘陵沟壑区新型乡村聚落景观规划设计前期研究提供了技术支撑。

（5）研究从规划策略、设计方法以及设计导则三个方面初步架构了豫西黄土丘陵沟壑区新型乡村聚落景观规划设计的工作框架。

本研究以中观及微观尺度为切入点，针对豫西黄土丘陵沟壑区新型乡村聚落景观规划设计提出以"功能优先，四元和谐的绿色设计理念""生态优先，循环节约的绿色设计原则""经验更新，适应产业的本土规划模式""动态调控，自我提升的绿色建设模式"为基础的豫西黄土丘陵沟壑区新型乡村聚落景观规划设计方法，总结出豫西黄土丘陵沟壑区新型乡村聚落景观规划设计导则框架及规划编制技术工作框架，为该区域新型乡村聚落景观规划设计提供了技术支撑。

7.2 研究待深入与拓展的空间

乡村人居环境的研究是多方面的，本研究仅是以新型乡村聚落景观规划设计为切入点，对新型城镇化背景下豫西黄土丘陵沟壑区新型乡村聚落景观发展的现实问题进行了分析与研究，并提出了相应的应对策略。但是，面对未来黄土丘陵沟壑区人居环境的发展，还可以继续拓展以下方面的研究：

（1）地区传统村落生态营建智慧的现代转译研究；

（2）地区新型乡村聚落景观建设后评价。

参考文献

A. 书籍专著

[1] 费孝通. 乡土中国[M]. 上海：上海世纪出版集团，2007.

[2] 吴良镛. 人居环境科学导论[M]. 北京：中国建筑工业出版社，2001.

[3] 德凯. 太阳辐射·风·自然光——建筑设计策略[M]. 常志刚，刘毅军，朱宏涛，译. 北京：中国建筑工业出版社，2008.

[4] 王士兰，游宏韬. 小城镇城市设计[M]. 北京：中国建筑工业出版社，2004.

[5] 方明，刘军. 国外村镇建设借鉴[M]. 北京：中国社会出版社，2006.

[6] 汪晓敏，汪庆玲. 现代村镇规划与建筑设计[M]. 南京：东南大学出版社，2007.

[7] 崔英伟. 村镇规划[M]. 北京：中国建材出版社，2008.

[8] 盖尔. 交往与空间[M]. 何人可，译. 北京：中国建筑工业出版社，2002.

[9] 霍尔. 城市和区域规划[M]. 邹德慈，李浩译. 北京：中国建筑工业出版社，2008.

[10] 麦克哈格. 设计结合自然[M]. 芮经纬，译. 李哲，校. 天津：天津大学出版社，2006.

[11] 谭纵波. 城市规划[M]. 北京：中国建筑工业出版社，2001.

[12] 顾朝林. 城镇体系规划——理论·方法·实例[M]. 北京：中国建筑工业出版社，2005.

[13] 吴家骅. 景观形态学[M]. 北京：中国建筑工业出版社，1999.

[14] 陈威. 景观新农村：乡村景观规划理论与方法[M]. 北京：中国电力出版社，2007.

[15] 俞孔坚. 回到土地[M]. 北京：生活·读书·新知三联书店，2014.

[16] 泰勒. 1945年后的西方城市规划理论的流变[M]. 李白玉，陈贞，译. 北京：中国建筑工业出版社，2007.

[17] 查尔斯沃思. 城市边缘——当代城市化案例研究[M]. 夏海山，刘茜等，译. 北京：机械工业出版社，2007.

[18] 张东伟，高世铭. 黄土丘陵沟壑区农工业可持续发展实证研究[M]. 北京：中国环境科学出版社，2006.

[19] 傅伯杰，陈利顶，邱扬，王军，孟庆华. 黄土丘陵沟壑区土地利用结构与生态过程[M]. 北京：商务印书馆，2002.

[20] 周若祁等. 绿色建筑体系与黄土高原基本聚居模式[M]. 北京：中国建筑工业出版社，2007.

[21] 楼庆西. 乡土景观十讲[M]. 北京：生活·读书·新知三联书店，2012.

[22] 郭晓冬. 乡村聚落发展与演变——陇中黄土丘陵区乡村聚落发展研究[M]. 北京：科学出版社，2013.

［23］王向荣，林菁. 西方现代景观设计的理论与实践［M］. 北京：中国建筑工业出版社，2002.

［24］刘滨谊. 现代景观规划设计［M］. 3版. 南京：东南大学出版社，2010.

［25］薛林平，温雪莹，梁双，石伟，于丽萍. 山西古村镇系列丛书——师家沟古村［M］. 北京：中国建筑工业出版社，2010.

［26］薛林平，陈璐，王怡博，于丽萍. 山西古村镇系列丛书——李家山古村［M］. 北京：中国建筑工业出版社，2013.

［27］王徽，杜启明，张新中，刘法贵，李红光. 窑洞地坑院营造技艺［M］. 合肥：安徽科学技术出版社，2013.

［28］毛葛. 绘造老房子［M］. 北京：清华大学出版社，2012.

［29］进士五十八，铃木成，一场博幸. 乡土景观设计手法——向乡村学习的城市环境营造［M］. 李树华，杨秀娟，董建军，译. 北京：中国林业出版社，2008.

［30］阿伦特. 国外乡村设计［M］. 叶齐茂，倪晓辉，译. 北京：中国建筑工业出版社，2009.

［31］布思. 风景园林设计要素［M］. 曹礼昆，曹德鲲，译. 孟兆祯，校. 北京：中国林业出版社，1989.

［32］王浩，唐晓岚，孙新旺，王婧. 村落景观的特色与整合［M］. 北京：中国林业出版社，2008.

［33］霍耀中，刘沛林. 黄土高原聚落景观与乡土文化［M］. 北京：中国建筑工业出版社，2012.

［34］顾小玲. 新农村景观设计艺术［M］. 南京：东南大学出版社，2011.

［35］佟裕哲，刘晖. 中国地景文化史纲图说［M］. 北京：中国建筑工业出版社，2012.

［36］彭一刚. 传统村镇聚落景观分析［M］. 北京：中国建筑工业出版社，1992.

［37］戴明，斯沃菲尔德. 景观设计学：调查·策略·设计［M］. 陈晓宇译. 北京：电子工业出版社，2013.

［38］桑德斯. 设计生态学——俞孔坚的景观［M］. 北京：中国建筑工业出版社，2013.

［39］罗凯. 农业美学初探［M］. 北京：中国轻工业出版社，2007.

［40］左满堂，渠滔，王放. 中国民居建筑丛书——河南民居［M］. 北京：中国建筑工业出版社，2012.

［41］王军. 中国民居建筑丛书——西北民居［M］. 北京：中国建筑工业出版社，2009.

［42］王金平，徐强，韩卫成. 中国民居建筑丛书——山西民居［M］. 北京：中国建筑工业出版社，2009.

［43］陈文华. 中国古代农业文明史［M］. 南昌：江西科技出版社，2005.

［44］刘黎明. 乡村景观规划［M］. 北京：中国农业大学出版社，2003.

［45］王云才. 现代乡村景观旅游规划设计［M］. 青岛：青岛出版社，2003.

［46］王云才，郭焕成，徐辉林. 乡村旅游规划原理与方法［M］. 北京：科学出版社，2006.

［47］陈志华. 乡土中国系列之——楠溪江中游古村落［M］. 北京：三联书店，2015.

［48］陈志华，楼庆西. 楠溪江上游古村落［M］. 石家庄：河北教育出版社，2004.

［49］陈志华. 古镇碛口［M］. 北京：中国建筑工业出版社，2004.

［50］陈志华，李秋香. 乡土瑰宝——村落［M］. 北京：生活·读书·新知三联书店，2008.

［51］李秋香. 中国村居［M］. 天津：百花文艺出版社，2002.

［52］周若祁，张光. 韩城村寨与党家村民居［M］. 西安：陕西科学技术出版社，1999.

B. 学位论文

［53］陈英瑾. 乡村景观特征评估与规划［D］. 北京：清华大学，2012.

［54］刘沛林. 中国传统聚落景观基因图谱的构建与应用研究［D］. 北京：北京大学，2011.

［55］雷振东. 整合与重构——关中乡村聚落转型研究［D］. 西安：西安建筑科技大学，2005.

［56］王婧磊. 地域特色导向下的黄土平原区村落空间组织模式研究［D］. 西安：西安建筑科技大学，2014.

［57］江山. 浅析"农家乐"及其景观规划［D］. 杨凌：西北农林科技大学，2008.

［58］赵雅玲. 碛口古镇传统聚落空间组织智慧及其现代应用研究［D］. 西安：西安建筑科技大学，2014.

［59］申怀飞. 基于3S的豫西黄河流域景观格局变化研究［D］. 开封：河南大学，2004.

［60］张立敏. 关中农村现有砌体材料建造技术与艺术的发展研究［D］. 西安：西安建筑科技大学，2012.

［61］李江迪. 土地流转背景下村镇社区住宅优化设计研究——以九龙山社区为例［D］. 重庆：重庆大学，2013.

［62］田辛. 景观"水"要素研究［D］. 重庆：重庆大学，2002.

［63］郭会丁. 园林景观色彩设计初探［D］. 北京：北京林业大学，2005.

［64］王琛颖. 浙江省乡村色彩景观规划设计研究［D］. 杭州：浙江农林大学，2011.

［65］于晓森. 农业相关要素与风景园林规划设计的关系研究［D］. 北京：北京林业大学，2010.

［66］刘晖. 黄土高原小流域人居生态单元及安全模式——景观格局分析方法与应用［D］. 西安：西安建筑科技大学，2005.

［67］李首成. 川中丘陵区人为影响下的乡村景观格局和碳氮长期变化研究［D］. 北京：中国农业大学，2005.

［68］周心琴. 城市化进程中的乡村景观变迁研究——以苏南为例［D］. 南京：南京师范大学，2006.

［69］郁枫. 空间重构与社会转型——对中部地区五镇变迁的调查与探析［D］. 北京：清华大学，2006.

［70］李贺楠. 中国古代农村聚落区域分布与形态变迁规律性研究［D］. 天津：天津大学，2006.

［71］于汉学. 黄土高原沟壑区人居环境生态化理论与规划设计方法研究［D］. 西安：西安建筑科技大学，2007.

［72］杨鑫. 地域性景观设计理论研究［D］. 北京：北京林业大学，2009.

［73］张继珍. 类型学在豫西乡村聚落更新与发展［D］. 长沙：湖南大学，2010.

［74］惠怡安. 陕北黄土丘陵沟壑区农村聚落发展及其优化研究［D］. 西安：西北大学，2010.

［75］李钰. 陕甘宁生态脆弱地区乡村人居环境研究［D］. 西安：西安建筑科技大学，2011.

［76］申杨婷. 低成本创造性景观设计研究［D］. 北京：北京林业大学，2013.

［77］董丽. 低成本风景园林设计研究［D］. 北京：北京林业大学，2013.

［78］王韬. 村民主体认知视角下乡村聚落营建的策略与方法研究［D］. 杭州：浙江大学，2014.

［79］孙炜玮. 基于浙江地区的乡村景观营建的整体方法研究［D］. 杭州：浙江大学，2014.

［80］张晋石. 乡村景观在风景园林规划与设计中的意义［D］. 北京：北京林业大学大学，2006.

［81］朱怀. 基于生态安全格局视角下的浙北乡村景观营建研究［D］. 杭州：浙江大学，2014.

［82］于洋. 城镇化进程中黄土沟壑区基层村绿色消解模式与对策研究［D］. 西安：西安建筑科技大学，2014.

［83］蔡晴. 基于地域的文化景观保护［D］. 南京：东南大学，2006.

［84］董小静. 山东半岛滨海乡村景观资源保护与利用研究［D］. 泰安：山东农业大学，2009.

［85］李少静. 整合与协调——社会主义新农村景观规划设计初探［D］. 天津：天津大学，2007.

［86］刘旌. 循环经济发展研究［D］. 天津：天津大学. 2012.

C. 期刊论文

［87］刘滨谊. 人类聚居环境学引论［J］. 城市规划汇刊，1996，（04）.

［88］刘滨谊. 三元论——人类聚居环境学的哲学基础［J］. 规划师，1999，（02）.

［89］张晶. 论文化地理学的基本理论与主要内容［J］. 人文地理，1997，（03）.

［90］姚亦锋. 以文化地理视角探寻中国风景园林源流脉络［J］. 中国园林，2013，（08）.

［91］刘增进，柴红敏，李宝萍. 豫西黄土丘陵区林草植被与气候相关性分析［J］. 水利水电技术，2013，（11）.

［92］郑东军，郝晓刚，王国梁. 地坑院的生与灭——豫西陕县塬上地坑院民居现状调研与思考［J］. 华中建筑，2009，（08）.

［93］张昕，陈捷. 传统窑居的演进与合院式住宅的定型［J］. 建筑科学与工程学报，2006，（03）.

［94］张睿婕，周庆华. 黄土地下的聚落——陕西省柏杜地坑窑院聚落调查报告［J］. 小城镇建设，2014，（10）.

［95］单卓然，黄亚平.“新型城镇化”概念内涵、目标内容规划策略以及认知误区解析［J］. 城市规划学刊，2013，（02）.

［96］张俊卫. 河南省村庄的类城镇化及建设路径重构［J］. 规划师，2015，（03）.

［97］李干杰.“生态保护红线”——确保国家生态安全的生命线［J］. 求是，2014，（02）.

［98］张宝庆，吴普特，赵西宁，王玉宝. 黄土高原雨水资源化潜力与时空分布特征［J］. 排灌机

械工程学报，2013，（07）.

［99］洪泉，唐慧超. 从美国风景园林师协会获奖项目看雨水花园在多种场地类型中的应用［J］. 风景园林，2015，（02）.

［100］谢封春，姜泽泛. 豫西黄土的基本特征［J］. 河南地质，1987，（03）.

［101］李学仁. 豫西黄土地貌特征与土地合理利用研究［J］. 中国水土保持，1990，（03）.

［102］王敏，崔芊浬. 基于罗曼·布什场地设计语言思想的景观设计策略［J］. 风景园林，2015，（02）.

［103］芦旭，雷振东，田虎. 黄土丘陵沟壑区新型农村社区景观设计试验——高庙社区［J］. 建筑与文化，2014，（07）.

［104］芦旭，雷振东. 黄土沟壑区新型农村社区雨水利用式景观设计方法［J］. 华中建筑，2014，（07）.

［105］王竹，朱怀. 基于生态安全格局视角下的浙北乡村规划实践研究——以浙江省安吉县大竹园村用地规划为例［J］. 华中建筑，2015，（04）.

［106］俞孔坚，李迪华，韩西丽，栾博. 新农村建设规划与城市扩张的景观安全格局途径——以马岗村为例［J］. 城市规划学刊，2006，（05）.

［107］张鹰，陈晓娟，沈逸强. 山地型聚落街巷空间相关性分析法研究——以尤溪桂峰村为例［J］. 建筑学报，2015，（02）.

［108］林菁，任蓉. 楠溪江流域传统聚落景观研究［J］. 中国园林，2011，（11）.

［109］张善峰，宋绍杭，王剑云. 低影响开发——城市雨水问题解决的景观学方法［J］. 华中建筑，2012，（05）.

［110］张善峰，王剑云. 让自然做功——融合"雨水管理"的绿色街道景观设计［J］. 生态经济，2011，（11）.

［111］刘家琨. 私园与公园的重叠可能：家琨建筑工作室设计的广州时代玫瑰园三期公共文化交流空间系统及景观［J］. 时代建筑，2007，（01）.

［112］彭艳青，段晓梅. 别墅小区人工湿地景观设计研究［J］. 中华民居，2014，（03）.

［113］贾劝宝. 陇东的"渗坑"与"涝池"［J］. 水利天地，2010，（02）.

［114］刘黎明，李振鹏，张虹波. 试论我国乡村景观的特点及乡村景观规划的目标和内容［J］. 生态环境，2004，（03）.

［115］谢花林，刘黎明，李蕾等. 乡村景观规划设计的相关问题探讨［J］. 中国园林，2003，（03）.

［116］陈波，包志毅. 乡村景观规划中的环境管理评价［J］. 地域研究与开发，2004，（01）.

［117］刘滨谊，陈威. 关于中国目前乡村景观规划与建设的思考［J］. 小城镇建设，2005，（09）.

［118］徐琴，陈月华，熊启明等. 乡村植物景观设计探讨［J］. 江西农业学报，2007，（03）.

［119］葛丹东，赵国裕，张磊. 一种城市边缘区乡村景观概念规划的构思途径：写意—造境［J］.

浙江大学学报（理学版），2006，（03）.

[120] 谢花林，刘黎明，李振鹏. 城市边缘区乡村景观评价方法研究［J］. 地理与地理信息科学，2003，（03）.

[121] 刘滨谊，王云才. 论中国乡村景观评价的理论基础与指标体系［J］. 中国园林，2002，（05）.

[122] 谢花林，刘黎明，徐为. 乡村景观美感评价研究［J］. 经济地理，2003，（03）.

[123] 谢花林，李蕾，刘黎明. 乡村景观生态质量的物元评判模型研究［J］. 中国生态农业学报，2004，（04）.

[124] 谢花林. 乡村景观功能评价［J］. 生态学报，2004，（09）.

[125] 于淼，李建东. 基于RS和GIS的桓仁县乡村聚落景观格局分析［J］. 测绘与空间地理信息，2005，（05）.

[126] 刘文全，李首成，韩敬，贺波. 川中丘区乡村景观磷素空间分布特征研究［J］. 四川农业大学学报，2005，（04）.

[127] 周再知，蔡满堂，许勇太. 乡村土地利用与景观格局动态变化研究［J］. 林业科学研究，1999，（06）.

[128] 李翅，刘佳燕. 基于乡村景观认知格局的村落改造方法探讨［J］. 小城镇建设，2005，（12）.

[129] 周心琴. 西方国家乡村景观研究新进展［J］. 地域研究与开发，2007，（03）.

[130] 刘黎明，杨琳，李振鹏等. 中国乡村城市化过程中的景观生态学问题与对策研究［J］. 生态环境，2006.

[131] 刘滨谊，陈威. 中国乡村景观园林初探［J］. 城市规划汇刊，2000.

[132] 冯淑华. 乡村景观旅游开发［J］. 国土与自然资源研究，2005，（01）.

[133] 冯淑华，方志远. 乡村聚落景观的旅游价值研究及开发模式探讨［J］. 江西社会科学，2004，（12）.

[134] 徐清. 论乡村旅游开发中的景观危机［J］. 中国园林，2007，（06）.

[135] 刘黎明，李振鹏，马俊伟. 城市边缘区乡村景观生态特征与景观生态建设探讨［J］. 中国人口·资源与环境，2006，（03）.

[136] 刘之浩，金其铭. 试论乡村文化景观的类型及其演化［J］. 南京师大学报（自然科学版），1999，（04）.

[137] 尹晓丽. 试论新中国电影视野中的乡村景观［J］. 文艺理论与批评，2005，（06）.

[138] 陈景衡，于洋，刘加平. 两分半宅基地"方院"关中民居营建试验——大石头村［J］. 建筑与文化，2014，（07）.

[139] 闫艳平，吴斌，张宇清，冶民生. 乡村景观研究现状及发展趋势［J］. 防护林科技，2008，（07）.

［140］赵兵，韦薇. 国内外乡村绿化研究与建设经验［J］. 园林，2012，（12）.

［141］朱建宁. 展现地域自然景观特征的风景园林文化［J］. 中国园林，2011，（11）.

D. 其他资料

［142］《国家新型城镇化规划（2014～2020）》

［143］《山西古村镇历史建筑测绘图集》

［144］河南省2020年统计年鉴

［145］《三门峡卢氏县村庄布局规划（2012～2030）》说明书

［146］《三门峡高庙乡新型农村社区中心区详细规划》说明书

后 记

　　本书由笔者博士论文改写而成，是笔者博士研究生期间研究与实践工作的阶段性总结。从研究问题的提出，到研究方法的探索、研究内容的展开，再到研究成果的凝练，回想整个过程，思绪万千，深深地体会到了科研工作的严谨与不易，同时也愈发地体会到学海无涯的深刻含义。成书之际，由衷地向每一个指导过、帮助过我的老师、同学表示感谢，向所有科技工作者致敬。

　　本研究是在课题组的研究基础上进行的，是整个研究团队智慧的结晶。我要特别感谢我的导师雷振东教授。导师为人随和热情，治学严谨细心，在生活中总是能像知心朋友一样鼓励我、帮助我，在研究与治学方面又以专业标准严格要求我、激励我，能够师从先生是我一生的荣耀，唯有不断进取，才能回报导师的谆谆教诲。

　　在这里，我还要诚挚地感谢西安建筑科技大学弱势群体人居环境工程技术研究所的全体老师。在论文选题、研究以及写作过程中尤其得到了李志民教授、张沛教授、刘晖教授、任云英教授、岳邦瑞教授、陈景衡教授、于洋教授以及西安交通大学陈洋教授和长安大学武联教授的悉心指导，感谢各位前辈、老师为我的研究工作指点迷津，答疑解惑。

　　除此之外，在这里还要感谢我的同学以及朋友们。在攻读学位期间他们给予我极大的关心、帮助与支持。感谢我的博士同门徐岚、吴雷、田虎、菅文娜在研究与写作过程中给我鼓励与支持；感谢周在辉在GIS方面给予的帮助；感谢蔡天然、高凌宏、严昆、张钰在研究过程中协助绘制相关图纸；感谢我的姐姐刘媛在百忙之中帮助我校对外文翻译；感谢我的家人多年来给予我无私的爱与鼓励。

　　本研究在团队研究成果的基础上借鉴了大量的国内外研究成果与案例，并在注释与参考文献中尽可能地进行了标注，如有未尽之处，涉及版权问题请与出版社及作者本人联系，以备修正。在此向所有前辈学者一并感谢！

2021年6月于西安